ニュートン式 超図解

最強[illegible]い!!

単位と法則

はじめに

私たちは生活の中で，さまざまな「単位」を使っています。なぜ，単位が必要なのでしょうか。たとえば，「1キログラムの塩」から，単位の「キログラム」をとると，「1の塩」となってしまいます。これでは，1が何のことなのか，わかりません。私たちは，単位を使うことで，はじめてものの量を正確にあらわすことができ，ほかの人と共有することができるのです。

一方，「法則」は，自然界のルールのようなものです。法則を使えば，自動車の加速の度合いや，導線を流れる電流の大きさ，惑星の動きなど，自然界でおきるさまざまな現象を説明したり予測したりすることができます。単位も法則も，この世界を知るためにはかかせないものなのです。

本書は，単位と法則について，ゼロから学べる1冊です。“最強に”面白い話題をたくさんそろえましたので，どなたでも楽しく読み進めることができます。どうぞお楽しみください！

ニュートン式 超図解 最強に面白い!!

単位と法則

イントロダクション

1. 七つの基本単位

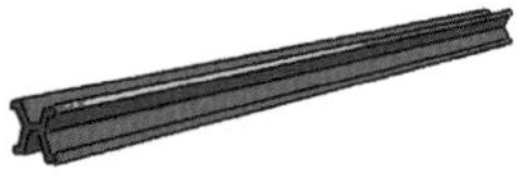

2. 基本単位からなる組立単位

3. 特殊な単位

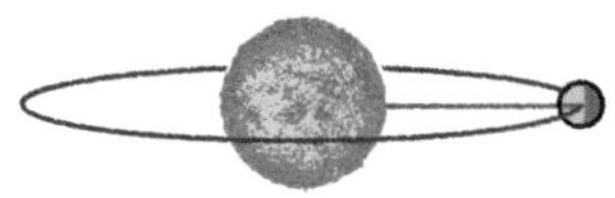

4. 力と波の法則

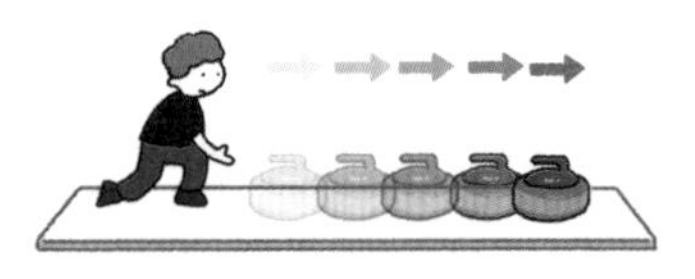

5. 電気と磁気，エネルギーの法則

6. 相対論と量子論，宇宙の法則

イントロダクション

単位も法則も，この世界を知るためには欠かすことのできないものです。イントロダクションでは，単位とは何なのか，そして法則とは何なのかについて紹介しましょう。

単位がなければ，長さも時間もあらわせない！

単位をつけてはじめて，意味がはっきりする

「この棒の長さは1です」といわれて，何のことかわかるでしょうか。棒の長さが1キロメートルだとは思えないので，おそらく1メートルだろうと想像はできます。しかしもしかしたら，1センチメートルかもしれません。アメリカ人だったら，1ヤードだと考えるかもしれません。1ヤードは，約90センチメートルです。

1というのは，数としてははっきりしているものの，長さとしては不完全です。1は，「単位」をつけてはじめて，意味のはっきりした量になるのです。

世界共通の単位があれば，便利

単位とは，「ものをはかったりくらべたりするときに基準となる量」のことです。

世界に共通の，だれにでも通じる単位があれば，便利であることはまちがいありません。私たちはそのような単位を使うことで，はじめて長さや重さを正確にあらわすことができ，ほかの人と共有することができるのです。

身のまわりにあふれる単位

さまざまな単位の記号をえがきました。メートル（m）やキログラム（kg）など，身のまわりには無数の単位があふれています。単位は，日常生活にも，科学的な研究にもかかせません。

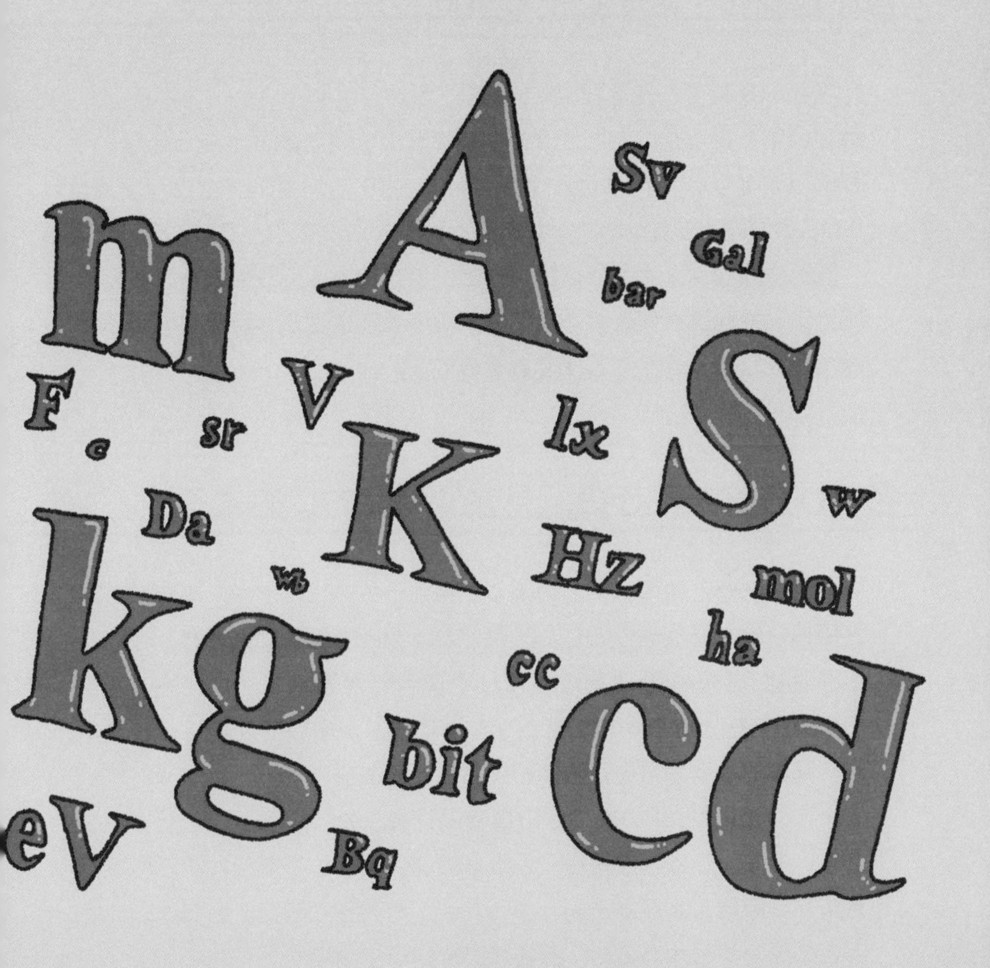

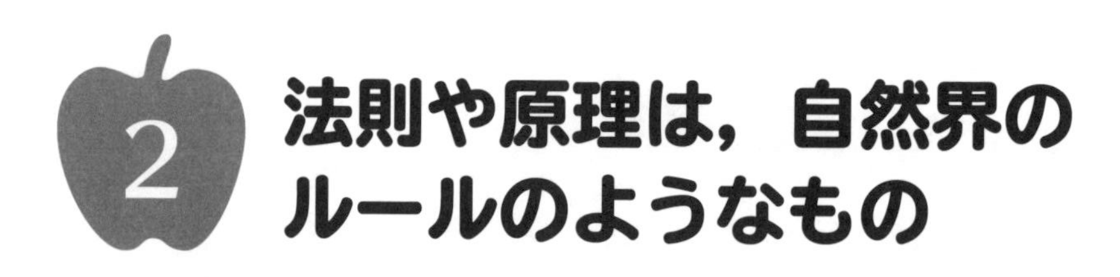

2 法則や原理は，自然界のルールのようなもの

自然現象を，説明したり予測したりできる

学校の授業で「法則」を習ったことがある！　という人もいるのではないでしょうか。たとえば中学校で習う法則には，「オームの法則」があります。また，法則と関係が深いものに，「原理」があります。「てこの原理」を習ったことがあるという人もいることでしょう。

法則や原理は，大ざっぱにいうと，自然界のルールのようなものです。法則や原理を使えば，自然界でおきるさまざまな現象を説明したり，予測したりすることができるのです。

名づけられたときの，見方や考え方にもよる

では，法則と原理は，どのようにちがうのでしょうか。**実は，法則と原理には，はっきりとした区別があるわけではありません。**

原理は，「多くの現象に共通して適用できる基本的な考え方」や「理論の前提となるもののこと」を指すことが多いです。しかし，非常に基本的な考え方を，法則とよぶこともあります。

一方，法則は，「いくつかの量の間になりたつ関係式」を指すことが多いです。しかし原理も，しばしば関係式としてあらわすことができます。原理とよぶか法則とよぶかは，それらが最初に名づけられたときの見方や考え方にも，影響されているようです。

さまざまな法則の数式

さまざまな法則の数式をえがきました。これらの数式は，単位の関係を理解するときも重要になります。法則は単位によって，また単位は法則によって理解しやすくなります。

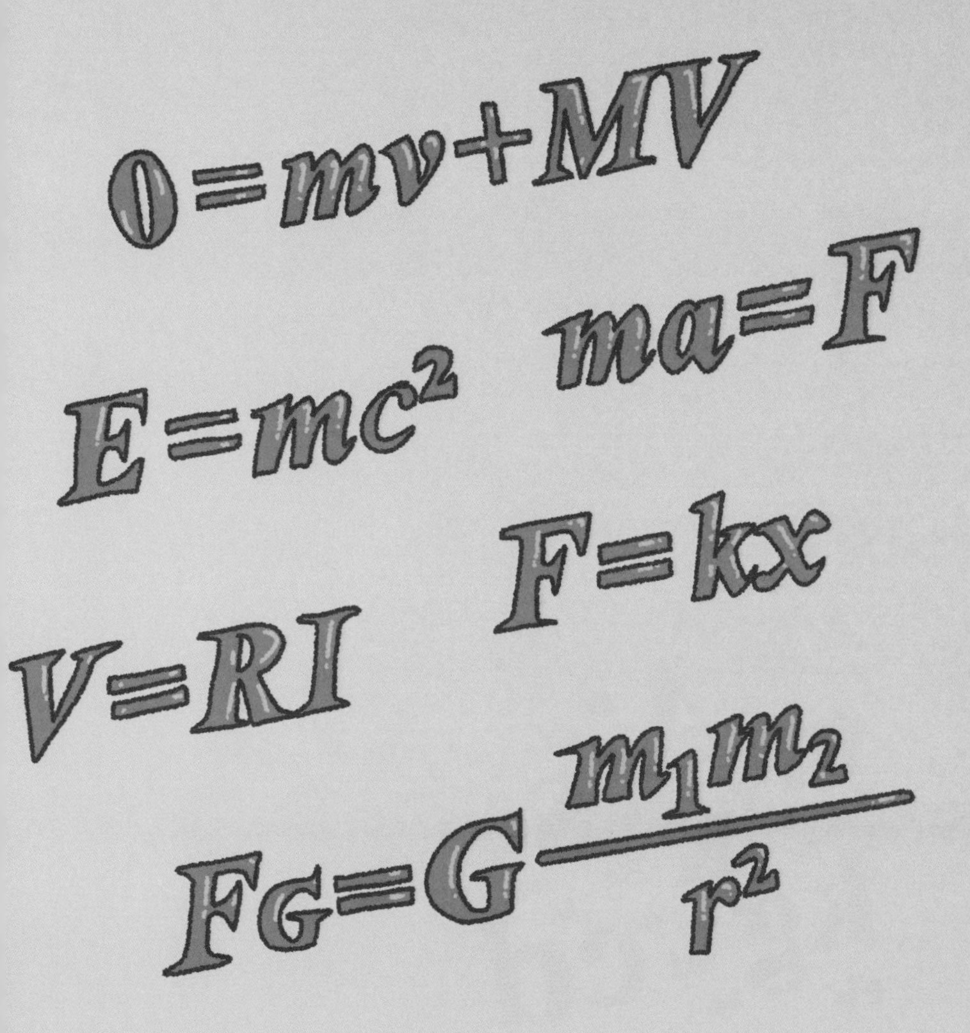

m
A
Sv
Gal
bar
F
sr
V
lx
S
K
W
Da
Hz
mol
kg
ha
cc
bit
cd
eV
Bq

1. 七つの基本単位

数ある単位の中でも，特別に重要な単位があります。メートル，キログラム，秒，アンペア，ケルビン，モル，カンデラの七つです。第1章では，この七つの単位についてみていきましょう。

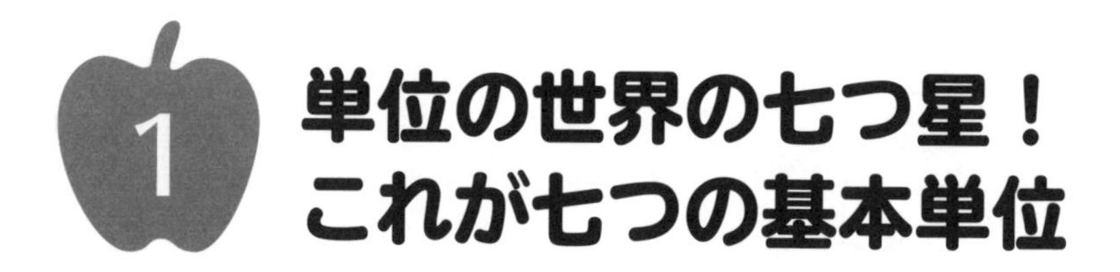

1 単位の世界の七つ星！これが七つの基本単位

単位を統一しようという運動がおきた

国や地域によって単位がバラバラだった場合，貿易や商売，市民生活に混乱が生じます。**そのようなことをなくすために，18世紀のフランスで，単位を統一しようという運動がおきました。**そしてできあがったのが，「メートル法」という単位系です。単位系とは，互いにつじつまが合うように決められた，さまざまな量の単位全体のことです。メートル法は，長さの単位であるメートルと，質量の単位であるキログラムを基本の単位とする単位系です。

国際単位系はすべて，基本単位の組み合わせ

現在，世界共通の単位として使われているのは，「国際単位系（SI単位系）」とよばれる単位系です。国際単位系には，七つの「基本単位」があります。それは，長さの「メートル（m）」，質量の「キログラム（kg）」，時間の「秒（s）」，電流の「アンペア（A）」，温度の「ケルビン（K）」，物質量の「モル（mol）」，明るさ（光度）の「カンデラ（cd）」の七つです。私たちの身のまわりには，国際単位系のさまざまな単位があります。それらはすべて，ここに示した七つの基本単位を組み合わせることで，つくることができるのです。

七つの基本単位

国際単位系の七つの基本単位を，下の表にまとめました。国際単位系は，4年に1回ほどのペースで開かれる「国際度量衡総会」で決められます。

種類	名称	単位記号	定義
長さ	メートル	m	1メートルは，光が2億9979万2458分の1秒間に進む距離
質量	キログラム	kg	1キログラムは，$1.35639249 \times 10^{50}$ヘルツ※1の周波数をもつ光子のエネルギーに等しい質量エネルギーをもつ物体の質量
時間	秒	s	1秒は，セシウム133原子が吸収放出する，ある特定の電磁波が91億9263万1770回振動する時間
電流	アンペア	A	1アンペアは，624京1509兆744億個※2の電子が毎秒流れる電流
温度	ケルビン	K	1ケルビンは，単原子分子1個の平均運動エネルギーに$\frac{3}{2} \times 1.380649 \times 10^{-23}$ジュールの熱エネルギーの変化をもたらす温度変化
物質量	モル	mol	1モルは，粒子$6.02214076 \times 10^{23}$個
光度	カンデラ	cd	1カンデラは，540×10^{12}ヘルツの周波数をもつ光を，683分の1ワット毎ステラジアンの放射強度で放射する光源の光度

※1：厳密には，$\frac{299792458^2}{(6.62607015 \times 10^{-34})}$ヘルツ。

※2：厳密には，$1.602176634^{-1} \times 10^{19}$個。

— 長さの単位「メートル」—

1メートルは，光が進む距離で決める

熱で膨張したり，長さが変わったりした

1790年代，長さの単位を世界で統一しようという動きがフランスでおきました。そして，地球の北極から赤道までの子午線の長さの1000万分の1を，1メートルにすると決められました。1889年には，国際度量衡総会で，「国際メートル原器」に記された二つの目盛り線の間隔が1メートルとされました。**しかしメートル原器は，熱で膨張**

長さの基準のうつりかわり

長さの基準のうつりかわりをえがきました。現在は，自然界の最高速度である光速が，長さの基準になっています。

1799年，子午線の長さが1メートルの基準になった

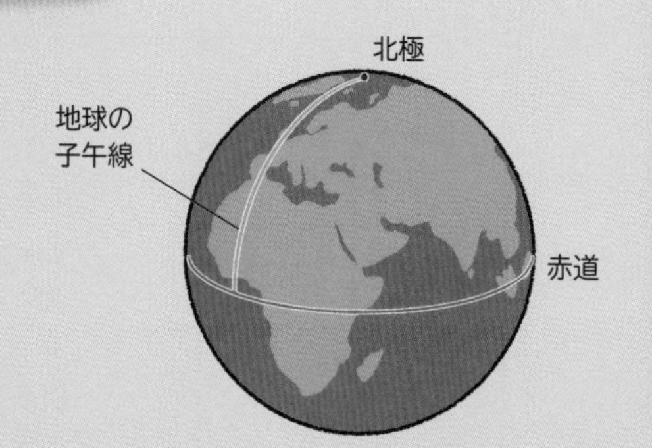

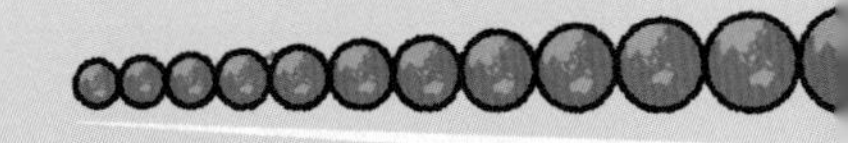

光速c＝299,792,458m/s

したり，年月を経て長さが変わったりします。また，目盛り線の太さの分，長さに誤差が生じてしまいます。

光速は，時間がたっても変わらない

そこで，1983年の国際度量衡総会で，メートルの定義を「光速」を基準にすることが決定されました。光速は，自然界の最高速度です。レーザー光と原子時計による複数の測定結果から，真空中の光速は，秒速299,792,458メートルと求められていました。真空中では，光速は，光の波長や光源の運動，光が進む方向に影響を受けず，つねに一定です。**このため現在，「1メートルは，光が真空中で299,792,458分の1秒の間に進む距離」と定義されています。**

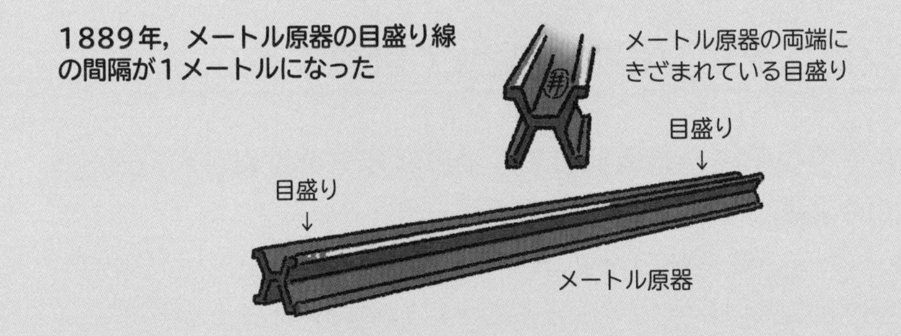

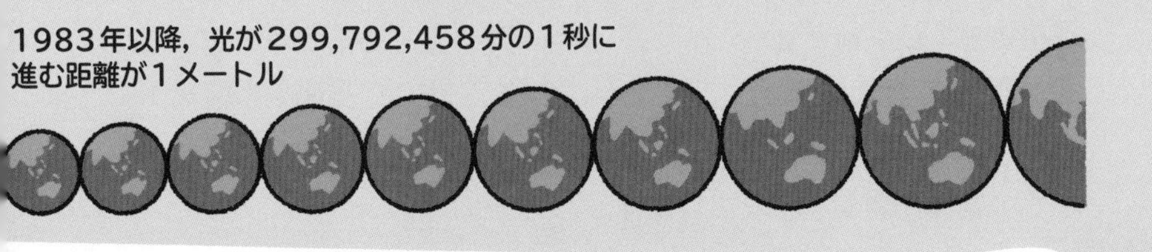

1メートル（m）の定義　光が2億9979万2458分の1秒間に進む距離

— 質量の単位「キログラム」—

3 1キログラムも，光のエネルギーがたより

50マイクログラムほど変動していた

質量の単位を世界で統一しようという動きは，長さの単位と同様に，1790年代のフランスでおきました。そして，約4℃の水1リットルの質量が，1キログラムと決められました。1889年には，国際度量衡総会で，「国際キログラム原器」の質量が1キログラムとされました。**しかし作成から100年以上経過した結果，キログラム原器の質量が50マイクログラムほど変動していることがわかりました。**

アインシュタインの式を使って計算する

2019年の国際度量衡総会で，キログラムの定義は「プランク定数」を基準にすることが決定されました。光の粒子1個がもつエネルギーは，光の周波数に比例します。その比例定数がプランク定数で，$6.62607015 \times 10^{-34}$Js（ジュール・秒）と定められました。

アインシュタインの光量子仮説の式「$E=h\nu$」※1と，特殊相対性理論の式「$E=mc^2$」※2から，「$\nu=\frac{mc^2}{h}$」とあらわせます。この式を使って計算すると※3，「1キログラムは，$1.35639249 \times 10^{50}$ヘルツ※4の周波数をもつ光子のエネルギーに等しい質量エネルギーをもつ物体の質量」と求まります。

※1：Eは光の粒子1個がもつエネルギー，hはプランク定数，νは光の周波数。
※2：Eは質量mの物体が静止しているときにもつエネルギー，cは光速。
※3：光速$c=29979248$m/s，プランク定数$h=6.62607015 \times 10^{-34}$Js，質量$m=1$kgを代入して計算。
※4：厳密には，$\frac{299792458^2}{(6.62607015 \times 10^{-34})}$ヘルツ。

質量とは物の動かしにくさ

質量は，物の動かしにくさをあらわす量です。イラストでは，無重力空間で，金属の球とピンポン玉を同じ力で，同じ時間だけ押したようすをえがいています。動かしにくい金属の球の方が，質量が大きいといえます。

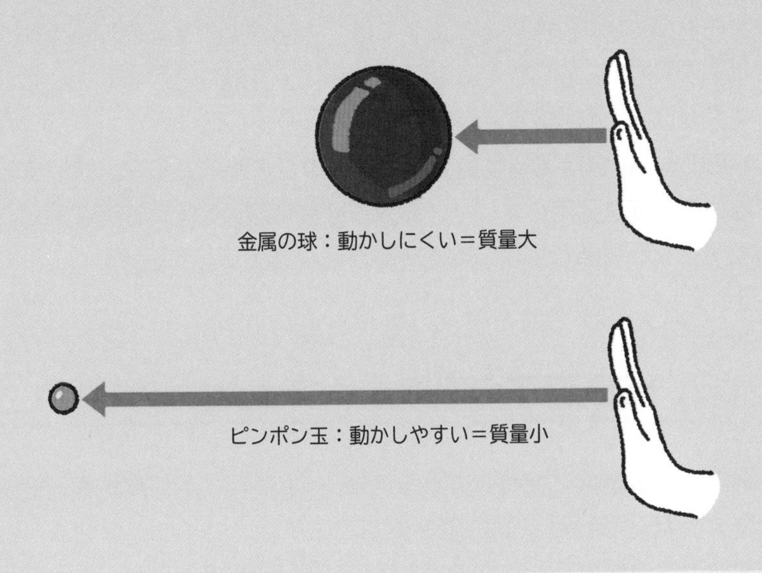

1キログラム（kg）の定義

1キログラムは，$1.35639249 \times 10^{50}$ ヘルツ※4の周波数をもつ光子のエネルギーに等しい質量エネルギーをもつ物体の質量

— 時間の単位「秒」—

1秒を決めるのは，セシウムの原子！

天体観測では，よい精度が得られなかった

紀元前3000年ごろのエジプトでは，太陽が南中する時間の間隔を1日としました。そして1日を24分割して，1時間としました。この考え方が進み，1秒の長さが決められていきました。

1956年，国際度量衡委員会は，秒の単位の基準として，より安定な地球の公転を採用しました。**しかし，長い年月の天体観測にもとづいて決めなければならず，よい精度が得られませんでした。**

セシウム133原子の吸収するマイクロ波を利用

現在，秒の定義に使われているのは，1967年の国際度量衡総会で決定された，セシウム133原子です。原子は，いくつかの決まった周波数の電磁波だけを吸収してエネルギー状態が高くなり，また同じ周波数の電磁波を放出して元の状態にもどるという性質をもっています。セシウム133原子は，周波数が91億9263万1770ヘルツの電磁波である「マイクロ波」を吸収し，放出します。この性質を利用して，「1秒は，セシウム133原子が吸収放出する，ある特定の電磁波が91億9263万1770回振動する時間」と定められています。

原子時計のしくみ

原子時計は，エネルギーが高い状態にされたセシウム133原子を集め，そこから放出されたマイクロ波の振動数をカウントします。そして振動回数が91億9263万1770回に達したときに，時間を1秒進めます。

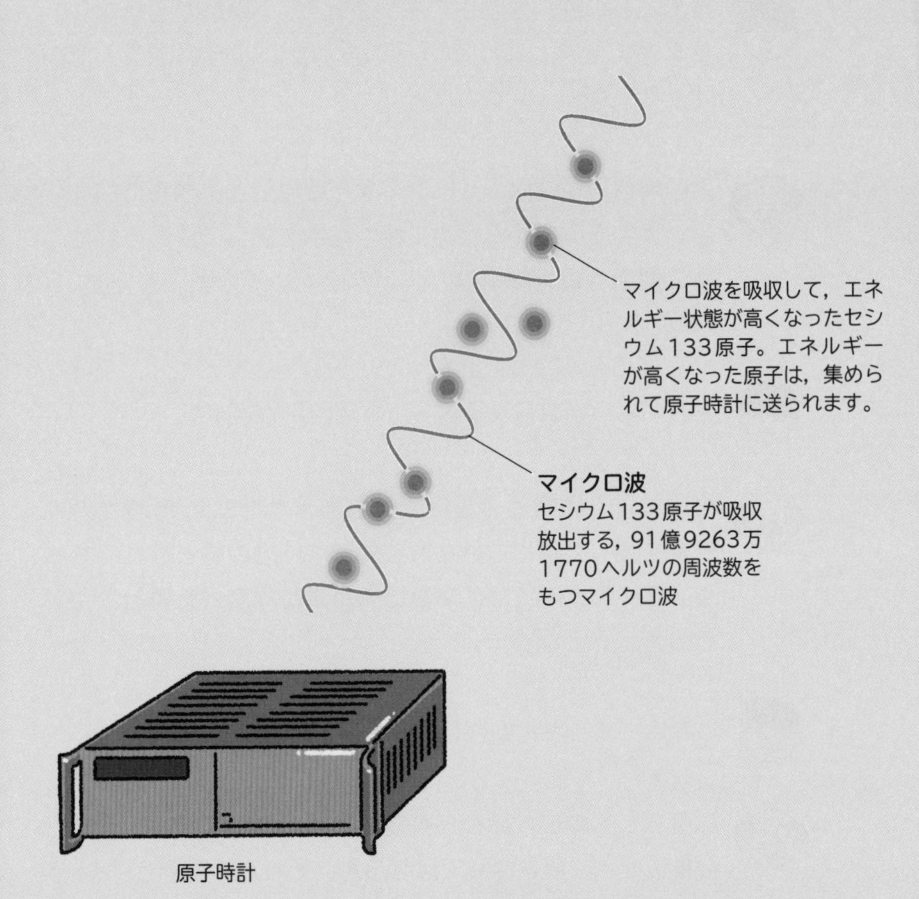

原子時計

1秒(s)の定義	1秒は，セシウム133原子が吸収放出する，ある特定の電磁波が91億9263万1770回振動する時間

博士！
教えて!!

大学の単位って何？

博士，この間，大学生のお兄さんが，「単位が足りなくて卒業できない」っていってました。どういうことですか？

この場合の単位は，メートルなどの単位とは別ものじゃよ。大学を卒業するためには，勉学を通じて決められた量の知識や能力を得なくてはならん。その量の目安を，「単位」というんじゃ。

どれぐらい勉強しなくちゃいけないんですか？

１単位は，授業と予習復習などを合わせた，45時間の学習を通じて身につけられる知識や能力の量とされておる。多くの大学では，卒業に124単位程度が必要とされるのう。

うわぁ，たくさん勉強しなくちゃいけないんですね。

試験などで単位が認められないと，もう１年かけて必要な単位をとり直さなくてはならん。それが,「留年」じゃ。きっとそのお兄さんも，留年したんじゃのう。

単位

— 電流の単位「アンペア」—

5 1アンペアは，電子の電気の量が基準

高精度に計測することは困難だった

電流の単位アンペアの定義は，1948年の国際度量衡総会で，電流を流した平行な2本の導体の間にはたらく力を基準にすることが決められました。導体とは，金属などの電気をよく通す物質のことです。**しかし，この定義に記された「無限に小さい円形断面積を有する無限に長い2本の直線状の導体」は実物を用意できるものではなく，定義通りの方法でアンペアを高精度に計測することは困難でした。**

電子約624京1509兆744億個に相当

電流は，電気を帯びた電子の流れです。2019年の国際度量衡総会で，アンペアの定義は「電気素量」を基準にすることが決定されました。電気素量とは，電子1個が帯びている電気の量で，$1.602176634 \times 10^{-19}$C（クーロン）と定められました。

1アンペアは，1秒間に1Cの電気の量が運ばれるときの電流です。 1Cの電気の量は，電子約624京1509兆744億個分に相当することから，「1アンペアは，624京1509兆744億個※1の電子が毎秒流れる電流」と定められています。

※1：厳密には，$1.602176634^{-1} \times 10^{19}$個。

電気が流れている状態

金属の原子から飛びだした自由電子が勝手な方向に動きまわっているときは，電気が流れていない状態です（左）。一方，電圧がかかって，全体として自由電子が一方向に動いているときが，電気が流れている状態です（右）。

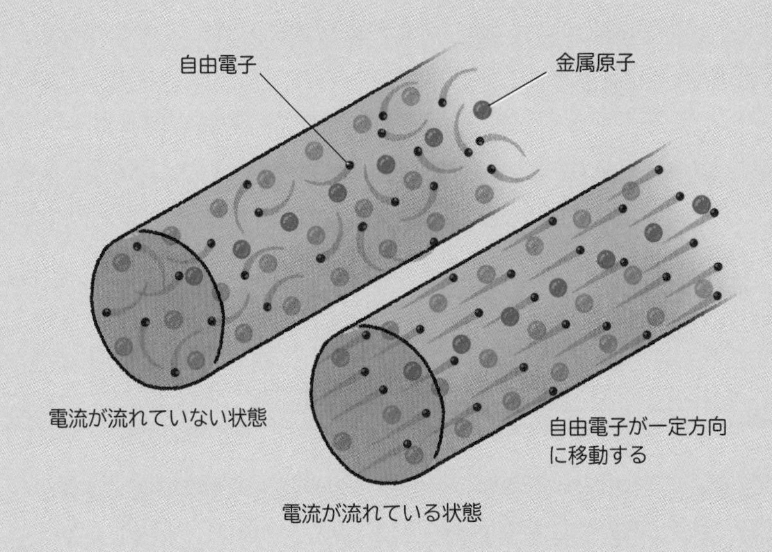

1アンペア（A）の定義	1アンペアは，624京1509兆744億個[※1]の電子が毎秒流れる電流

電圧がかかると，自由電子が同じ方向へ移動するんだカモノ。

— 温度の単位「ケルビン」—

1ケルビンは，分子の運動エネルギーと絶対温度から

三重点の温度は，変化することがわかった

ケルビンは，自然界の温度の下限である絶対零度（－273.15℃）を0Kとする，絶対温度の単位です。 1968年，国際度量衡総会は，ケルビンの定義を，水の気体・液体・固体の三つの状態が共存する「三重点」の温度（0.01℃）を273.16K，絶対零度（－273.15℃）を0Kとしました。しかしその後，三重点の温度は，水に含まれる同位体※1の割合によって変化することがわかりました。

運動エネルギーと絶対温度を結ぶ定数

2019年の国際度量衡総会で，ケルビンの定義は「ボルツマン定数」を基準にすることが決まりました。 ボルツマン定数は，物質の分子1個の運動エネルギーと絶対温度を結びつける関係式に登場する定数で，1.380649×10^{-23}J/K（ジュール毎ケルビン）と定められました。

理想気体※2では，単原子分子1個の平均運動エネルギーは，「$\frac{3}{2}kT$」※3とあらわせます。この式から，「1ケルビンは，単原子分子1個の平均運動エネルギーに$\frac{3}{2} \times 1.380649 \times 10^{-23}$ジュールの熱エネルギーの変化をもたらす温度変化」となります※4。

※1：同位体は，同じ元素で，原子核を構成する中性子の数がことなる原子です。
※2：理想気体は，分子の大きさも分子どうしの相互作用もないと仮想する気体です。
※3：kはボルツマン定数，Tは絶対温度。
※4：ボルツマン定数$k = 1.380649 \times 10^{-23}$J/K，絶対温度$T = 1$Kを代入して計算。

摂氏温度と絶対温度

摂氏温度の目盛り（左）と，絶対温度の目盛り（右）を比較しました。絶対零度は，摂氏温度ではマイナス273.15℃，絶対温度では0Kです。絶対零度になると，水分子の運動エネルギーはゼロになり，動きを止めると考えられます。

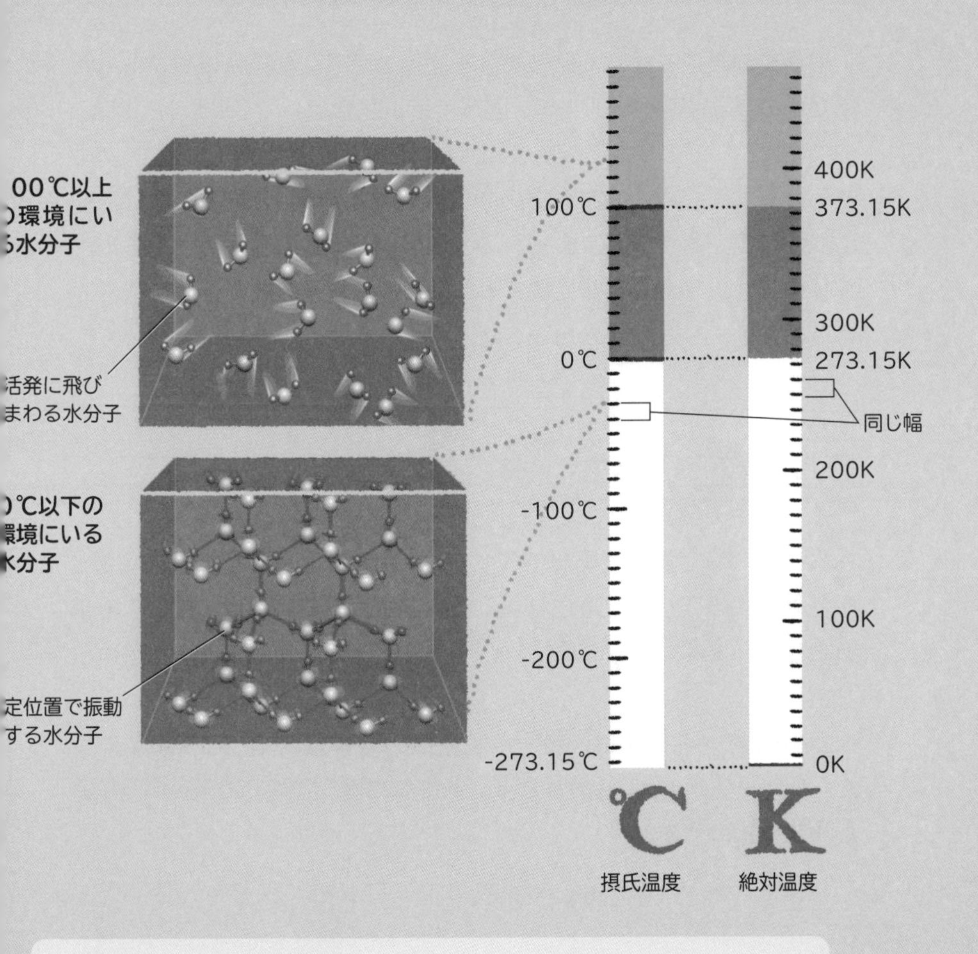

1ケルビン（K）の定義

単原子分子1個の平均運動エネルギーに $\frac{3}{2} \times 1.380649 \times 10^{-23}$ ジュールの熱エネルギーの変化をもたらす温度変化

— 物質量の単位「モル」—

1モルは，6.02214076×10^{23}個

1モルの粒子の数が，正確にわからなかった

物質量の単位モルは，原子や分子などのぼう大な粒子の数をあらわすための単位です。1971年，国際度量衡総会は，1モルは12グラムの炭素12（^{12}C）の中に存在する炭素12原子の数と等しい数と決めました。12グラムの炭素12の中に存在する炭素12原子の数は，約6.02×10^{23}個です。つまり，約6.02×10^{23}個の粒子が，1モルとなりました。しかしこの定義では，1モルの粒子の数が正確に何個であるのかは，わかりませんでした。

1モルの粒子の数が，決定した

2019年の国際度量衡総会で，モルの定義は「アボガドロ定数」を基準にすることが決定されました。アボガドロ定数は，物質1モルあたりの粒子の数で，6.02214076×$10^{23}$$mol^{-1}$（毎モル）と定められました。

この結果，「1モルは，粒子6.02214076×10^{23}個」と決まりました。**1ダースが12個であるように，1モルは6.02214076×10^{23}個と決まったのです。**

膨大な数の粒子の単位モル

2019年までのモルの定義と，1モルの個数のイメージをえがきました。

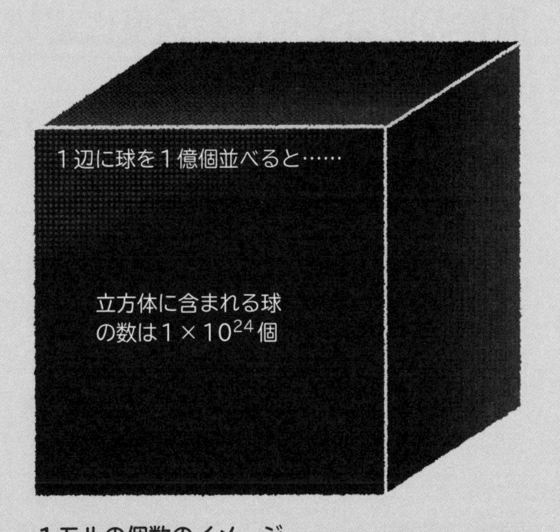

2019年までのモルの定義
2019年までは，12グラムの炭素12の中に存在する炭素12原子の数と等しい数を，1モルとしていました。

1モルの個数のイメージ
立方体形に球をしきつめたとき，球が立方体の1辺に1億個並んでいれば，立方体全体に入っている球の数は1×10^{24}個となります。1モルの約1.6倍となり，かなり近い数です。

1モル（mol）の定義　**粒子6.02214076×10^{23}個**

1モルは，ものすごく大きい数なのね。

— 光度の単位「カンデラ」—

1カンデラは，緑色の光のエネルギーが基準

黒体の明るさを，高精度に求めるのは困難

カンデラは，光源の明るさをあらわす光度の単位です。 かつて光度の単位は，不安定なロウソクやガス灯の明るさを基準にしていました。このため1948年の国際度量衡総会で，光度の単位の基準として，「黒体」の明るさが採用されました。黒体とは，あらゆる波長の光を反射も透過もせず，完全に吸収する仮想の物体です。黒体の明るさは，黒体の温度に応じて，自ら発する光によって決まります。しかし，黒体の明るさを高精度に求めることは，困難でした。

最も感度よくとらえられる緑色の光

1979年の国際度量衡総会で，「1カンデラは，540×10^{12}ヘルツの周波数をもつ光を，683分の1ワット毎ステラジアン※1の放射強度で放射する光源の光度」と定義されました。 定義に記されている，540×10^{12}ヘルツの周波数をもつ光とは，ヒトの目で最も感度よくとらえられる緑色の光です。一方，683分の1ワット毎ステラジアンの放射強度で放射する光源とは，どれぐらいの広がり角の中に，どれぐらいの時間内に，どれぐらいのエネルギーで放射する光源かということをあらわしています（右のイラスト）。

※1：ステラジアン（sr）は，立体角の単位です。
1srは，半径1mの球面の面積1m^{2}の部分に対応する中心の広がり角です。

カンデラの基準となる光源

カンデラの基準となる光源を，イラストにえがきました。540×10^{12}ヘルツ（Hz）の周波数をもつ光を，立体角1ステラジアン（sr）の広がり角の中に，683分の1ワット（W）のエネルギーで放射する光源です。

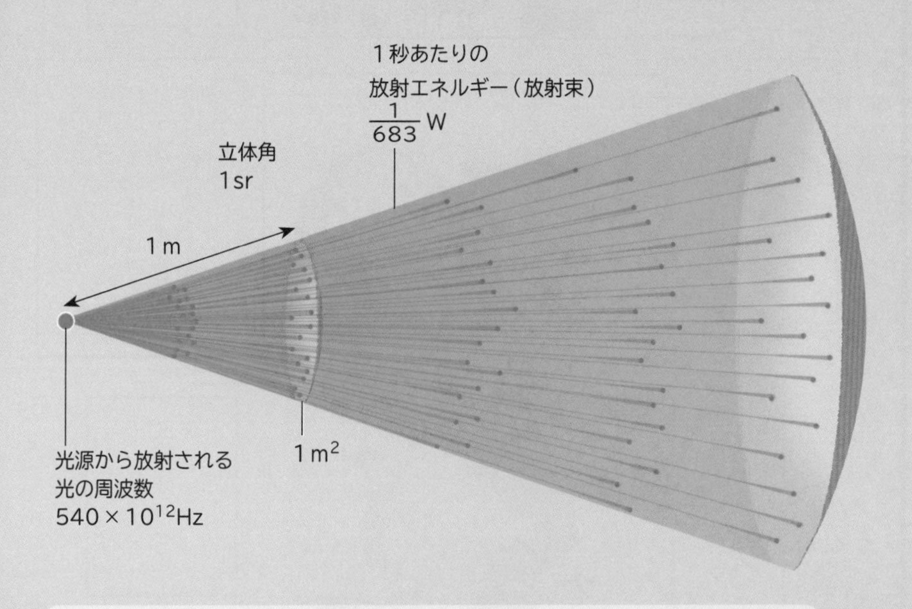

1カンデラ（cd）の定義

540×10^{12}ヘルツの周波数をもつ光を，683分の1ワット毎ステラジアンの放射強度で放射する光源の光度

明るさはヒトが感じるものだから，光の周波数もヒトの目の感度を考慮してあるのだ。

メートル提唱者，タレーラン

18世紀後半、世界が交易などで急速につながっていった

物の単位が国や地域でことなるため商売や建築などの分野で混乱が生じた

フランスの改革派の司教だったタレーラン＝ペリゴール（1754～1838）は物の単位を統一することを提言

やがて長い時間をかけてメートルやキログラムなどの単位が普及していく

その後政治家となったタレーラン

「史上最高の外交官」といわれるほどに活躍する

ナポレオン戦争後のウィーン会議ではフランスを非難する戦勝国をひとりで説得

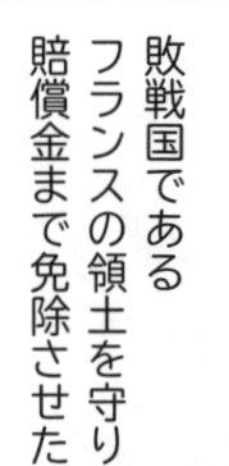

敗戦国であるフランスの領土を守り賠償金まで免除させた

裏切りの理由

若きタレーランは
有力な司教だった一方
政治的な野心を
もっていた

フランス革命がおきると
反教会派となり
教会の全財産を国有化

やがてナポレオンの
皇帝擁立と
その後の
失脚にもかかわる

ナポレオンからは
「絹の靴下の中の糞」と
いわれていた

ナポレオン失脚後
復古した
ブルボン王朝の
外相となる

しかし、その後の
七月革命では
ルイ・フィリップを支持。
七月王政でも外相に

数多の裏切りで
悪名高かった
タレーラン

「私が策略や陰謀を
企てたのは祖国を
救うためだった」と
のちにのべている

単位

2. 基本単位からなる組立単位

第1章では，七つの基本単位を紹介しました。その七つの基本単位を組み合わせてできる単位が，国際単位系の「組立単位」です。第2章では，組立単位についてみていきましょう。

— 周波数の単位「ヘルツ」—

山あり谷あり！　1ヘルツは，1秒間に波打つ回数

波は，山と谷をくりかえしながら進む

周波数の単位「ヘルツ（Hz）」は，波が1秒間に波打つ回数をあらわす単位です。

さまざまな波の性質は，波の波打ち方にあらわれています。波は，最も高くなる山と，最も低くなる谷を，くりかえしながら進みます。この波の波打つ速さを，1秒間に波打つ回数であらわしたものが，周波数です。ヘルツは，1960年の国際度量衡総会で，国際的な周波数の単位として認定されました。

周波数が高いほど，まっすぐ進みやすい

私たちのまわりには，水の波や音波，電磁波など，さまざまな波があふれています。電磁波には，可視光線をはじめとして，周波数のことなるさまざまな波があります。

電磁波は，周波数が高いほど（波長が短いほど），広がらずにまっすぐ進みやすく，エネルギーが高いという性質があります。 この性質に応じて，私たちはそれぞれの電磁波を，通信や放送，リモコン，レントゲンなどに利用しているのです。

注：2秒間に100回波打つ波の振動数は，100回÷2秒＝50Hzです。
単位の関係は，「Hz＝回数/s」です。回数に単位は必要ないので，
単に「Hz＝1/s」とも書けます。

波の基本要素

波の基本要素をえがきました。波の特徴をあらわすときに最もよく使われているものが，周波数と波長です。周波数と波長をかけあわせると，波の速さを求めることができます。周波数や波長であらわされる波打ち方によって，波の性質は変わってきます。

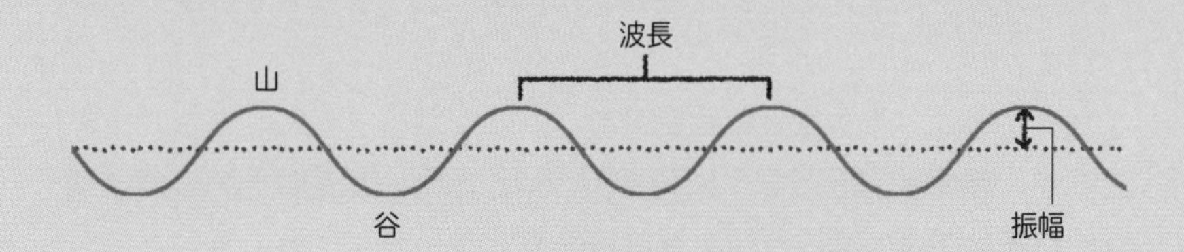

振幅……波の振動の振れ幅のことです。
周波数…「振動数」ともいいます。1秒あたりに，波の各点が振動する回数のこと。ある点を1秒あたりに通過する波の山の個数，ともいえます。
周期……波の各点が1回振動するのに要する時間のこと。ある点を波の山が通過して，次の山が同じ点に到達するまでに要する時間，ともいえます。周波数とは逆数の関係にあります（周期＝1÷周波数）。
波長……波の山（最も高い場所）と山の間の長さ。谷（最も低い場所）と谷の間の長さ，ともいえます。

周波数と波長が，波の特徴をあらわすのによく使われるカモノ。

— エネルギーの単位「ジュール」—

1ジュールは，物体を押し動かすときのエネルギー

カロリーという単位には，問題がある

「カロリー（cal）」と「ジュール（J）」は，どちらもエネルギーの単位です。

カロリーは，最も身近な物質である，水を基準として定義された単位です。**標準大気圧（1アトム）で，水1グラムの温度を1℃上げるのに必要なエネルギーが，1カロリーです。** しかし，カロリーという

カロリーとジュール

左ページに1カロリーの熱量，右ページに1ジュールの仕事をえがきました。カロリーとジュールは換算でき，「1カロリー＝4.184ジュール」です。

A. 1カロリーの熱量

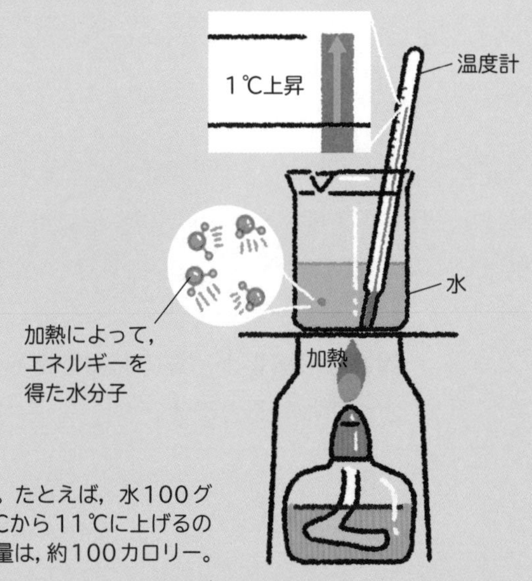

図は模式図。たとえば，水100グラムを10℃から11℃に上げるのに必要な熱量は，約100カロリー。

単位には問題があります。同じ1カロリーでも，何℃の水を1℃上げるのかによって，必要なエネルギー量がことなるからです。

荷物を押すのに使うエネルギーは，計算できる

そこで，1948年の国際度量衡総会で，エネルギーの単位にはジュールを使うことが決定されました。

私たちが荷物を押して動かすときに使うエネルギーは，「力×距離」で計算することができます。**1ジュールは，1ニュートン（N）の力で，物体を1メートル押し動かすのに必要なエネルギーのことです。**1ニュートンは，1キログラムの物体に，1秒ごとに秒速1メートルずつ速くなるような加速度をあたえる力です。

B. 1ジュールの仕事

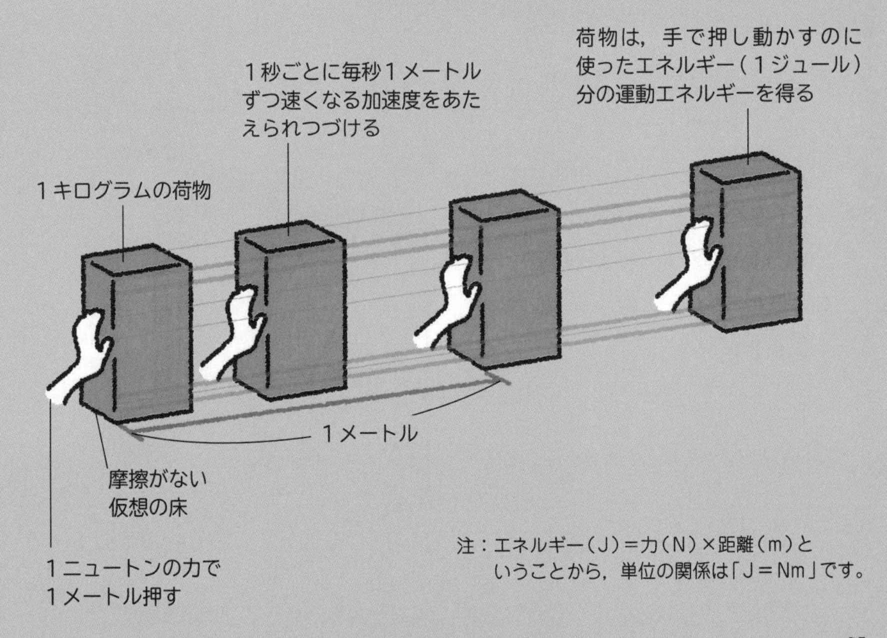

注：エネルギー（J）＝力（N）×距離（m）ということから，単位の関係は「J＝Nm」です。

— 電圧の単位「ボルト」—

3 1ボルトは，こちらとあちらの電位の差

電流の流れる方向を決めるのは，「電位」の高さ

電圧の単位は，「ボルト（V）」です。

川の水は，必ず高い場所から低い場所に向かって流れていきます。電気も同じです。しかし，電気の流れる方向を決める高さは，標高ではなく，「電位」の高さです。電位とは，回路の位置によってもたらされるエネルギーのことで，プラス極に近いほど高くなります。ある

電圧と電流の関係

電圧と電流の関係をえがきました。水は，標高の高い場所から低い場所へと流れます（左ページ）。電流は，電位の高いプラス極から電位の低いマイナス極へと流れます（右ページ）。

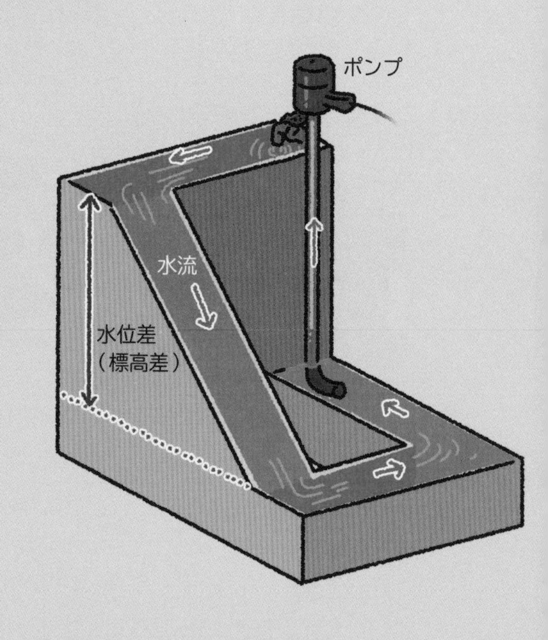

地点とある地点の電位の差を，「電圧」とよびます。その単位が，ボルトです。**1ボルトは，1アンペア（A）の電流が流れる導線の消費電力が1ワット（W）のときの，導線の両端の電位差です。**

電圧を生みだすものが，電池や発電機

電圧は，電流の通り道を坂道にするようなものです。電圧が高い（電位差が大きい）ほど，電流は強く押し流されます。この電圧を生みだしているものこそが，電池や発電機です。電池のプラス極とマイナス極では，プラス極の方が電位が高くなります。このため，電池のプラス極とマイナス極を回路でつなぐと，電位の高いプラス極から電位の低いマイナス極の方へと，電流が流れるのです。

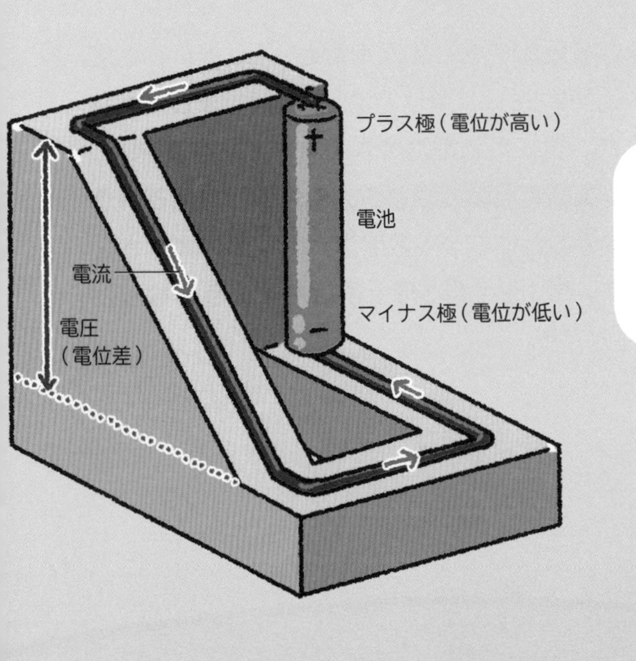

乾電池の単１の単

円筒形の乾電池は，大きさによって，「単１形」や「単３形」などとよばれます。**この乾電池の「単」とは，どういう意味なのでしょうか。**

乾電池が発明されたのは，1880年代後半のことです。その後，改良が重ねられて，乾電池は現在と似た形になっていきました。**しかし，当時の機器は大きな電圧を必要とするものが多かったため，1935年ごろまでは複数の乾電池を直列につなぎ，電圧を高めたものを販売していました。**

やがて機器の低電圧化や省力化が進むと，1.5ボルト程度の乾電池が単体で販売され，「単位電池」とよばれました。この単位電池の単が，現在の乾電池の単です。**乾電池の単は，複数の乾電池をつないだものではない，単体の乾電池という意味なのです。**単のあとにつづく数字は，乾電池の大きさをあらわす数字です。単１形や単３形とよばれるようになったのは，1942年からです。

単1
単2
単3
単4
単5

— 仕事率の単位「ワット」—

4 1秒間にどれだけ仕事する？それがワット

電化製品の，消費電力の単位にも使われる

決まった時間でどれだけ仕事をするのかという，能率をあらわす単位には，「ワット（W）」が使われます。**1ワットは，1秒で1ジュールの仕事をする場合の仕事率です。**

ワットは，電化製品が1秒あたりに電気エネルギーをどれだけ消費するのかをあらわす，消費電力の単位としても使われます。たとえば，

仕事の能率

電圧と電流，消費電力の関係（A）と，ヒトと電球の仕事率の比較（B）をえがきました。

A. 電圧と電流，消費電力の関係

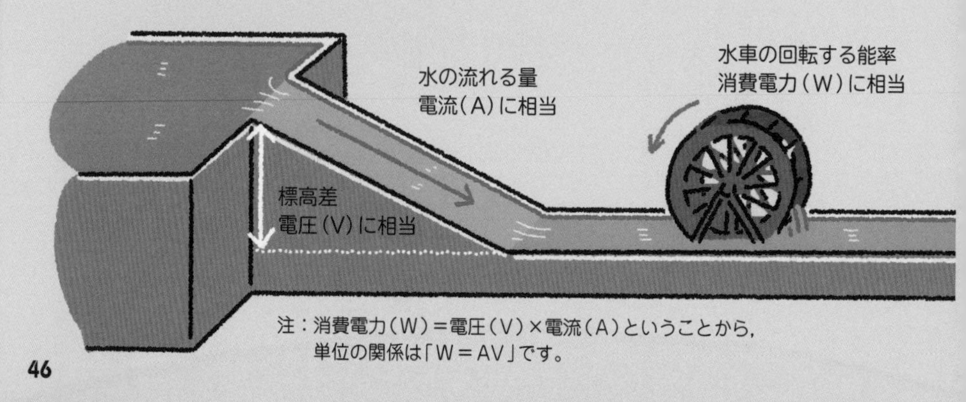

注：消費電力（W）＝電圧（V）×電流（A）ということから，単位の関係は「W＝AV」です。

100ワットの電球は，1秒間に100ジュールの電気エネルギーを光や熱のエネルギーに変えます。

消費電力に使用時間をかけたものが「電力量」

電化製品の消費電力（W）の値は，電流（1秒あたりに流れる電気の量，A）×電圧（電流を押し流す作用，V）で計算できます（W＝A×V）。1秒あたりの消費電力の値に，使用時間をかけあわせた数値が「電力量」です。電力量の単位は，「ワット時（Wh）」です。1時間は3600秒なので，1ワット時は3600ジュールです。ワット時は，使用した電力の総量を示す単位です。各家庭の電気料金は，基本的にワット時の値によって決まります。

B. ヒトと電球の仕事率の比較

ヒトが1日に食べ物から摂取するエネルギーは，約2000キロカロリー（約8368キロジュール）です。これは，1秒間に100ジュールのエネルギーを消費する100ワットの電球を，ほぼ1日点灯する量に相当します（100ワットは，0.1キロワット。8368キロジュール÷0.1キロワット＝83680秒＝約23時間15分）。おおざっぱにいうと，ヒトと100ワットの電球の仕事率は，ほぼ同じです。

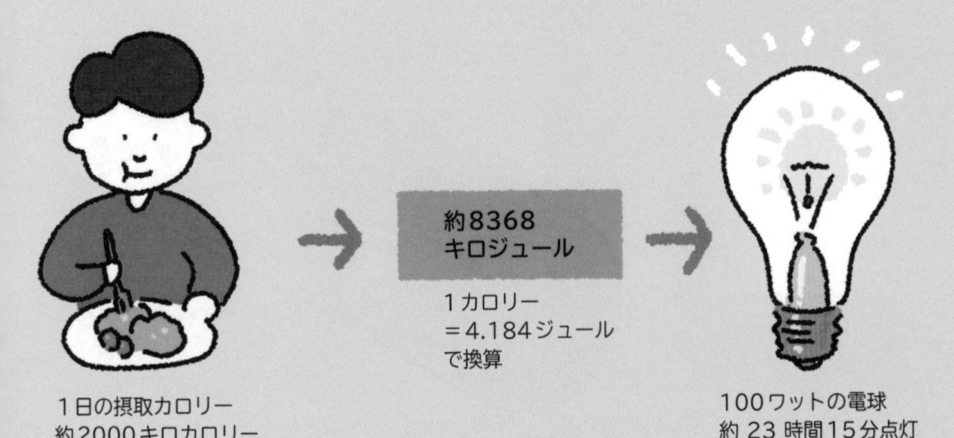

— 電気抵抗の単位「オーム」 —

1オームは，電気の流れにくさをあらわす

金属原子の振動が，自由電子の移動をさまたげる

「オーム（Ω）」は，電気の流れにくさをあらわす，電気抵抗の単位です。

導線の金属原子はたえず振動しており，温度が高くなればなるほどはげしく振動します。金属原子が動くことで，自由電子はスムーズな移動をさまたげられます。この際，自由電子がもっていた移動用のエ

電気抵抗の原因

左ページに，導線の中で電気抵抗が生じるしくみをえがきました。右ページは，導線の長さや太さと電気抵抗の関係です。

移動する自由電子

自由電子の移動がさまたげられる

熱振動する金属原子

ネルギーの一部が，金属原子が振動するエネルギーに使われてしまいます。これが電気の流れにくさを生みだす原因です。

オームは，電流と電圧を使って定義されている

電気の流れにくさは，導線の長さや太さによって変わります。このため19世紀前半には，オームの定義に，「1マイルの16番銅線」や「1キロメートルの直径4ミリメートルの鉄線」など，決められた種類と長さの金属線が使われていました。**現在では，1オームは1アンペア（A）の直流の電流が流れる導体の2点間の電圧が1ボルト（V）であるときの2点間の電気抵抗というように，電流と電圧を使って定義されています。**

導線の長さや太さと，電気抵抗の関係

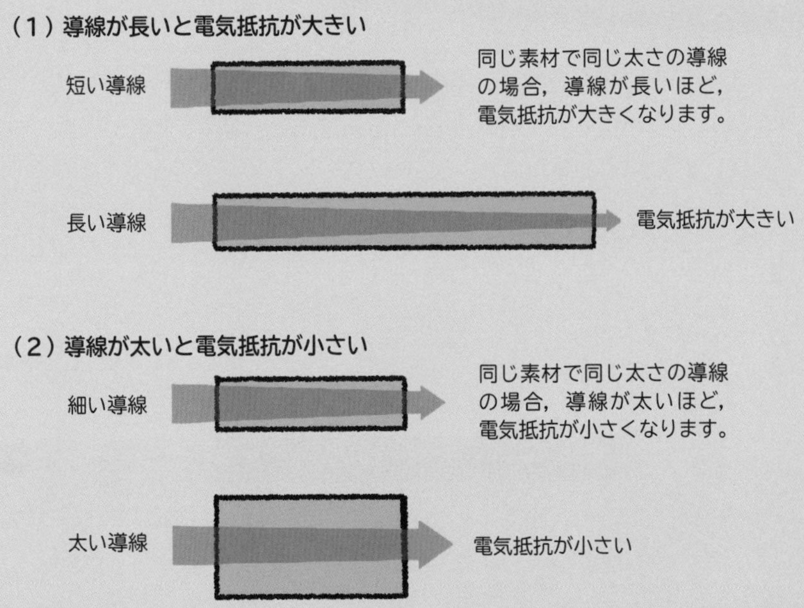

（1）導線が長いと電気抵抗が大きい

短い導線

同じ素材で同じ太さの導線の場合，導線が長いほど，電気抵抗が大きくなります。

長い導線

電気抵抗が大きい

（2）導線が太いと電気抵抗が小さい

細い導線

同じ素材で同じ太さの導線の場合，導線が太いほど，電気抵抗が小さくなります。

太い導線

電気抵抗が小さい

— 磁束の単位「ウェーバ」と「テスラ」—

6 1ウェーバは，磁石の磁力線の束の強さ

磁力線の束を，「磁束」という

磁石が引き合ったり反発し合ったりする力である「磁力」についても，さまざまな単位があります。

磁石のまわりに砂鉄をまいて，模様をつくった経験はないでしょうか。砂鉄は，「磁力線」に沿って並びます。磁力線は，磁力のはたらく磁界（磁場）の向きをあらわしており，N極から出てS極に入りま

磁石がつくる磁力線

磁石と砂鉄がつくる磁力線（A）と，磁石がつくる磁力線の模式図（B）をえがきました。磁力線が密集しているところは，磁力が強いところです。

A. 磁石と砂鉄がつくる磁力線

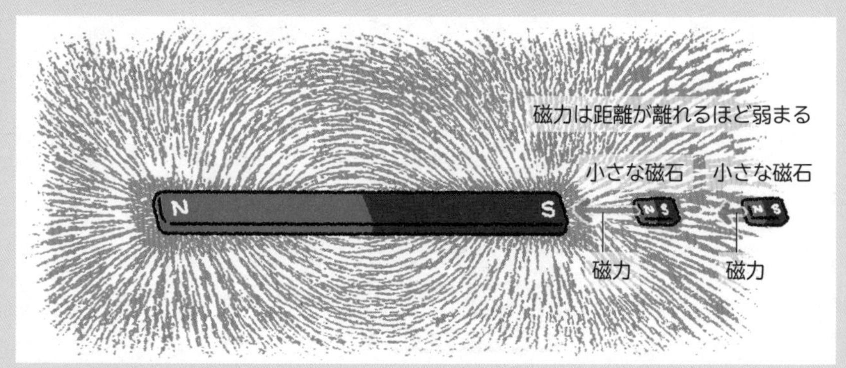

す。**この磁力線の束を，「磁束」といいます。**

磁束の単位と磁束密度の単位

磁束の強さをあらわす単位は，「ウェーバ（Wb）」です。1ウェーバは，1秒間でその磁束を0にするとき，1ボルト（V）の電圧を発生させる磁束と定義されています。磁束を変化させたときに電圧が発生する現象が，「電磁誘導」です。

一方，磁束の密度をあらわす単位が，「テスラ（T）」です。1テスラは，磁束に垂直な面1平方メートル（m^2）あたり1ウェーバの磁束密度と定義されています。磁束密度（T）＝磁束（Wb）÷面積（m^2）という関係です。

3. 磁石がつくる磁力線の模式図
磁力線の向きは，N極から出てS極に入るよう，決められています。

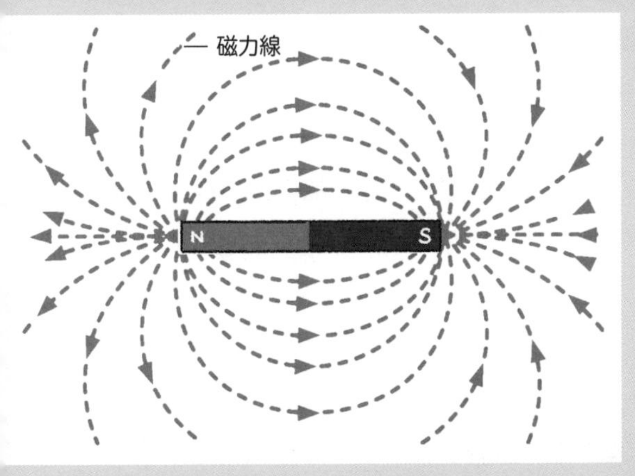

砂鉄の模様は，磁力線をあらわしていたのね。

7 まだまだたくさんある！さまざまな組立単位

名前がついている組立単位は，22種類

ここまで，七つの基本単位を組み合わせてできる組立単位の中から，ヘルツ，ジュール，ボルト，ワット，オーム，ウェーバ，テスラの七つを紹介してきました。これらの組立単位は，科学者の名前などの，固有の名前がついている組立単位です。

固有の名前がついている組立単位には，ほかにも力の単位である「ニュートン（N）」や，放射能に関する単位である「ベクレル（Bq）」「グレイ（Gy）」「シーベルト（Sv）」など，全部で22種類があります（右の表）。

無数の組立単位は，いずれも国際単位系

さらに組立単位には，とくに固有の名前のついていない組立単位が，数えきれないほどたくさんあります。たとえば，面積の単位である平方メートル（m^2）や，体積の単位である立方メートル（m^3），速さの単位であるメートル毎秒（m/s）などです。

これらの無数にある組立単位は，いずれも国際的に共通な，国際単位系の単位です。単位の統一は，ありとあらゆる場面で，私たちの生活を便利にしているのです。

固有の名前をもつ組立単位

組立量	組立単位の名称	名称の由来となった人名	単位記号	基本単位のみによる表現
平面角	ラジアン	——	rad	m/m
立体角	ステラジアン	——	sr	m^2/m^2
周波数	ヘルツ	ハインリヒ・ヘルツ	Hz	s^{-1}
力	ニュートン	アイザック・ニュートン	N	$kg \cdot m \cdot s^{-2}$
圧力，応力	パスカル	ブレーズ・パスカル	Pa	$kg \cdot m^{-1} \cdot s^{-2}$
エネルギー，仕事，熱量	ジュール	ジェームズ・プレスコット・ジュール	J	$kg \cdot m^2 \cdot s^{-2}$
仕事率，放射束	ワット	ジェームズ・ワット	W	$kg \cdot m^2 \cdot s^{-3}$
電荷，電気量	クーロン	シャルル・ド・クーロン	C	$A \cdot s$
電位差，電圧，起電力	ボルト	アレッサンドロ・ボルタ	V	$kg \cdot m^2 \cdot s^{-3} \cdot A^{-1}$
静電容量	ファラド	マイケル・ファラデー	F	$kg^{-1} \cdot m^{-2} \cdot s^4 \cdot A^2$
電気抵抗	オーム	ゲオルク・ジーモン・オーム	Ω	$kg \cdot m^2 \cdot s^{-3} \cdot A^{-2}$
コンダクタンス	ジーメンス	ヴェルナー・フォン・ジーメンス	S	$kg^{-1} \cdot m^{-2} \cdot s^3 \cdot A^2$
磁束	ウェーバ	ヴィルヘルム・エドゥアルト・ヴェーバー	Wb	$kg \cdot m^2 \cdot s^{-2} \cdot A^{-1}$
磁束密度	テスラ	ニコラ・テスラ	T	$kg \cdot s^{-2} \cdot A^{-1}$
インダクタンス	ヘンリー	ジョセフ・ヘンリー	H	$kg \cdot m^2 \cdot s^{-2} \cdot A^{-2}$
セルシウス温度	セルシウス度	アンデルス・セルシウス	℃	K
光束	ルーメン	——	lm	——
照度	ルクス	——	lx	——
放射性核種の放射能	ベクレル	アントワーヌ・アンリ・ベクレル	Bq	s^{-1}
吸収線量，カーマ	グレイ	ルイス・ハロルド・グレイ	Gy	$m^2 \cdot s^{-2}$
線量当量	シーベルト	ロルフ・マキシミリアン・シーベルト	Sv	$m^2 \cdot s^{-2}$
酵素活性	カタール	——	kat	$mol \cdot s^{-1}$

（出典：国立研究開発法人産業技術総合研究所・計量標準総合センターの資料など）

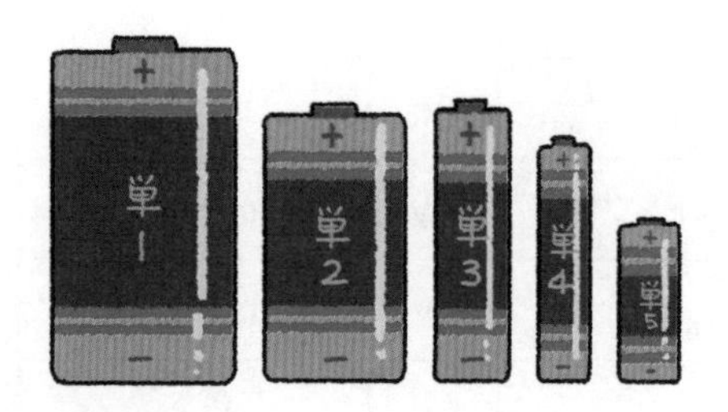
単1
単2
単3
単4
単5

3. 特殊な単位

第１章と第２章で紹介した単位のほかにも，単位はまだまだたくさんあります。第３章では，国際単位系ではない，使い道の限定された，特殊な単位をみていきましょう。

— 地震の「震度」と「マグニチュード」 —

震度はゆれ，マグニチュードは規模

かつて震度は，人が体感で決めていた

「震度」と「マグニチュード（M）」は，地震のときに使用される単位です。

震度は，各地でどれくらいゆれたかをあらわす階級で，合計10階級あります。かつて震度は，人が体感で決めていました。それが1996年からは，地震計の計測結果をもとに震度が計算されています。地震のゆれは，地盤の状況などで変わるため，ごく近い場所でも1階級くらいちがうことがあります。

日本は，独自の「気象庁マグニチュード」を採用

マグニチュードは，地震の規模をあらわす尺度です。地震計の最大振幅や，地震波形の記録から計算されます。

現在，マグニチュードのなかで最も標準的とされるのは，「モーメントマグニチュード（Mw）」です。岩盤がどれくらいの範囲でどれくらいずれたかを推定して算出するため，地震の規模を正確にあらわすとされています。これに対して日本では，独自の手法で計算されてきた，「気象庁マグニチュード」が採用されています。

震源と震度の関係

震源と震度の関係をえがきました。一般的に，震源から遠い場所ほど震度も小さくなります。ただし各地の地盤によってゆれやすさはことなるため，震源から同じ距離でも震度はことなることがあります。

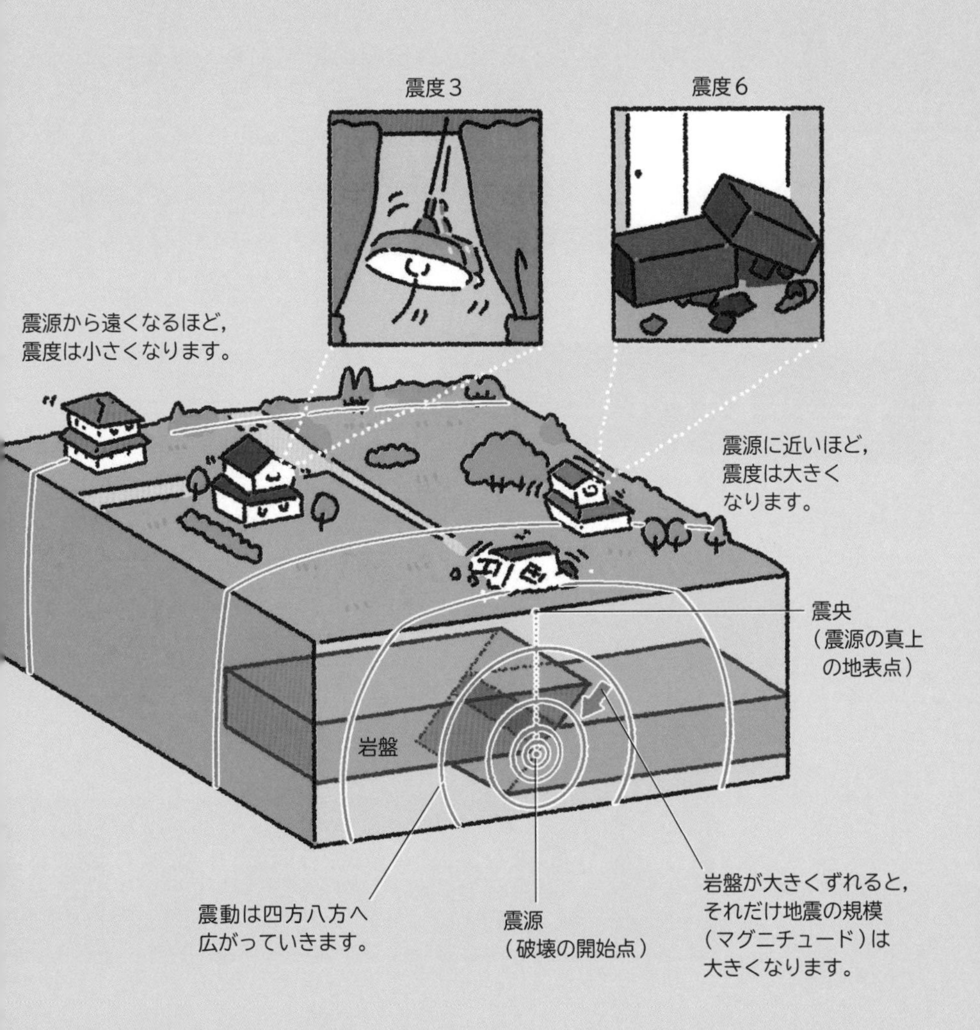

— 情報量の単位「ビット」と「バイト」 —

1ビットで2通り，1バイトで256通りの情報量

オンとオフは，ビットであらわせる

パソコンやスマートフォンなどの情報の量をあらわす単位に，「ビット（bit）」と「バイト（byte）」があります。

ビットは，「binarydigit（二進法の1桁）」の略です。二進法とは0と1だけで数をあらわす方法で，1桁には0か1が入ります。**つまり1ビットは，2通りの情報をあらわせます。**スイッチのオンとオフ

1ビットと1バイト

左ページに，1ビットと1バイトの関係をえがきました。右ページは，「Newton」という単語の情報量をあらわしたものです。

1ビット…

1バイト…

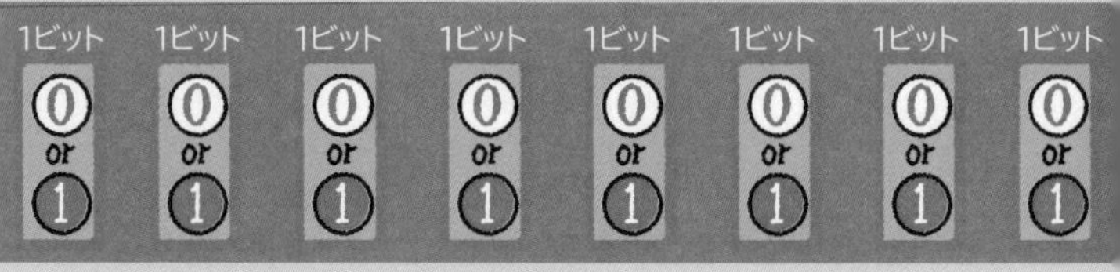

2通り × 2通り × 2通り × 2通り × 2通り × 2通り × 2通り × 2通り
＝256通り

のような二者択一の情報は，ビットであらわすことができます。

256種類に対応可能な8ビットが，1バイト

二進法で，英語で使う全種類の文字をあらわす場合，何ビット必要でしょうか。アルファベットは，全部で26文字あります。大文字と小文字を区別し，数字や記号，特殊な文字などを加えると，128種類の文字に対応可能な7ビットが必要になります。そして現在では，256種類の文字に対応可能な8ビットを使う方式が一般的です。

このような，英語で使う全種類の文字をあらわすのに必要なビット数を，1バイトといいます。**現在，一般的に1バイトは8ビットで，英語の一つの文字は，0と1からなる8桁の数であらわされています。**

英語の1文字はすべて，0と1でできた8桁の数であらわせるのね。

「Newton」という単語の情報量

「N」「e」「w」「t」「o」「n」の六つの文字に割り振られた，8桁の二進法の数を示しました。
1文字が1バイトの情報量であり，合計で6バイトとなります。

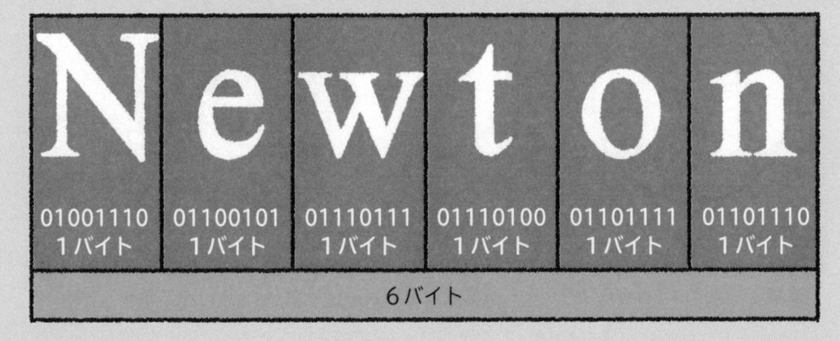

— ダイヤの質量の単位「カラット」—

1カラットのダイヤは，0.2グラムの質量

カラットの名前は，豆に由来する

「カラット（ct, car）」は，ダイヤモンドの質量をあらわす単位です。

ダイヤモンドが市場で流通するとき，品質を評価するために，「ダイヤの4C」とよばれる基準が使われます。傷や含有物を示すクラリティ（Clarity），色（Color），カット（Cut），そして質量のカラット（Carat）です。**1カラットは，0.2グラムに相当します。**カラットと

史上最大のダイヤモンド

ダイヤモンド原石カリナンは，史上最大のダイヤモンドといわれています（下のイラスト）。右ページには，カリナンからできた宝飾用ダイヤモンドをえがきました。

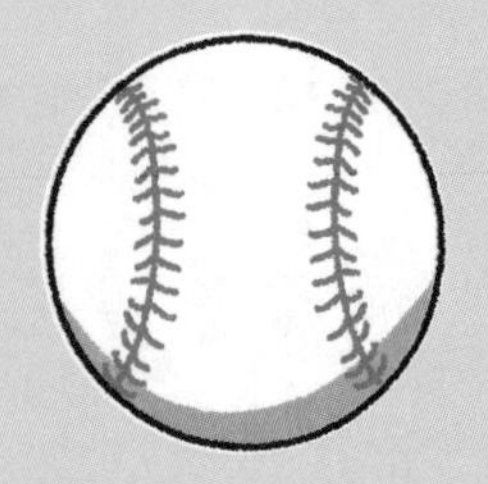

硬式野球ボール
（直径：約7.5センチ，
質量：およそ145グラム）

ダイヤモンド原石カリナン
（長辺：約11センチ，幅：約5センチ，高さ：約6センチ
質量：3106カラット＝621.2グラム）

いう単位の名前は，もともとダイヤモンドの計量に，「カロブ」という豆が使われていたことに由来するといいます。

大きなダイヤは，時間をかけてできるらしい

これまでに発見された最大のダイヤモンドは，1905年に南アメリカのカリナン鉱山で発見された「カリナン」だといわれています。**その質量は，3106カラット（621.2グラム）もありました。**

ダイヤモンドの結晶が成長するためには，地球内部の高い圧力と高い温度，そして長い時間が必要のようです。大きなダイヤモンドは，地下深くにある，ダイヤモンドの材料である炭素が大量にとけた液体の中で，じっくり時間をかけてできるとみられています。

原石カリナンからできた宝飾用ダイヤモンド

カリナン1
（530.2カラット）

カリナン2
（317.4カラット）

カリナン3
（94.4カラット）

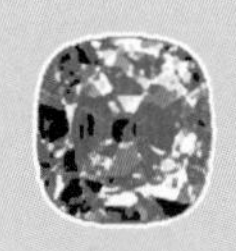

カリナン4
（63.6カラット）

カリナン5
（18.8カラット）

カリナン6
（11.5カラット）

カリナン7
（8.8カラット）

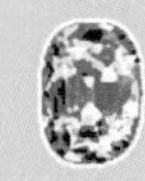

カリナン8
（6.8カラット）

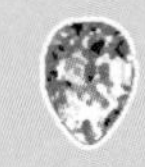

カリナン9
（4.39カラット）

— 宇宙の距離「天文単位」「光年」「パーセク」—

1天文単位は，約1億5000万キロ！

天文単位は，太陽と地球の距離が基準

宇宙の距離をあらわす単位には，「天文単位（au）」「光年」「パーセク（pc）」の三つがあります。

天文単位は，太陽と地球の距離を基準とする単位です。**1天文単位は，国際天文学連合が2012年に，1億4959万7870.7キロメートルと決定しました。**光年は，光が真空中で1年間に進む距離を1光年と

宇宙の距離をあらわす単位

1天文単位，1光年，1パーセクをえがきました。それぞれの距離の比率は，正確ではありません。

する単位です。**1光年は，9兆4607億3047万2580.8キロメートルです。**パーセクは，年周視差（あるときにみた天体が半年後にずれた角度の半分の量）が1秒角になるときの，太陽からの距離を1パーセクとする単位です。**1パーセクは，約30兆8568億キロメートルにあたります。**

研究でよく使われるのは，パーセク

天文単位は，太陽系の天体の距離をあらわしたり，ほかの惑星系を比較するときに使われます。光年とパーセクは，主に太陽系外の天体の距離をあらわすときに使われます。研究でよく使われるのは，パーセクです。

いちばん距離が長いのは，パーセクなんだカモノ。

1光年＝9兆4607億3047万2580.8キロメートル
＝約6万3241天文単位

光

年周視差が1秒角
（1秒角＝3600分の1度）

天体

1パーセク
（1パーセク＝約30兆8568億キロメートル＝約3.26光年
＝約20万6265天文単位）

博士！
教えて!!

八咫烏って何？

博士，テレビでサッカー日本代表の試合を見ていたら，胸にカラスがかいてありました。あのカラスは，何なんですか？

ふぉっふぉっふぉっ。「八咫烏（やたがらす）」のことかの。神話に出てくる，3本足のカラスじゃ。

へぇ～。

八咫烏の「八咫」は，大きさをあらわしておる。「咫（あた）」は長さの単位で，開いた手の親指の先から中指の先までの長さのことじゃ※1。大人の手だと，咫は18センチぐらい，八咫は144センチぐらいになる。

大きい！

うむ。じゃが，神話の話じゃ…。八咫というのは，大きいことをあらわすためのたとえだったらしい。3本足は，天・地・人をあらわすともいわれておるぞ。

へぇ～。3本足だから，サッカーもうまそうですね。

※1：親指の先から人さし指の先までの長さという説もあるようです。

測定者ドランブルとメシャン

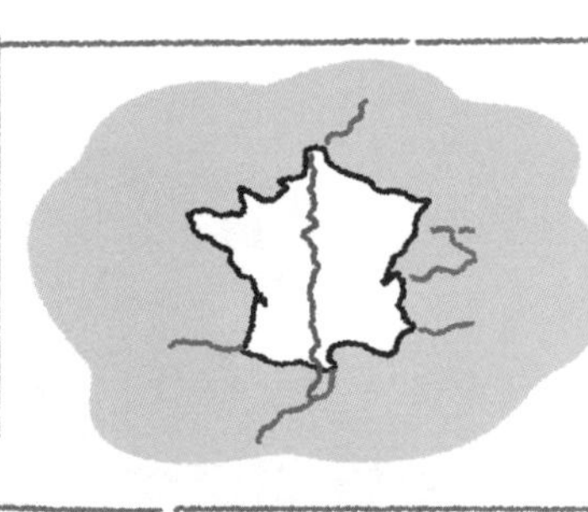

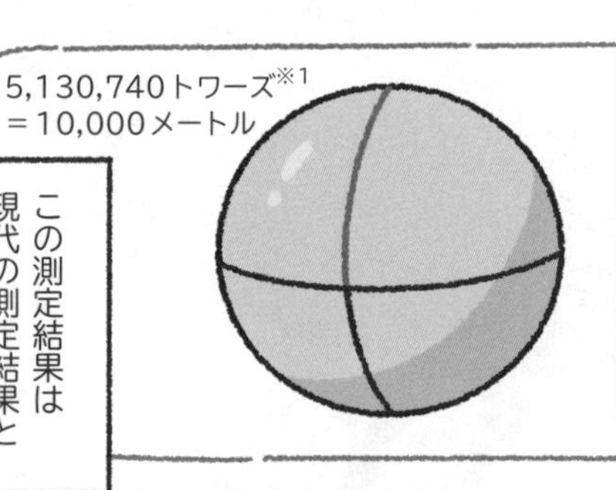

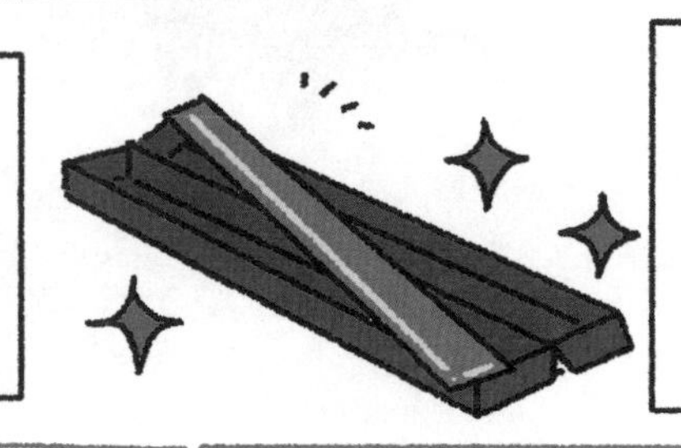

※1：トワーズは，当時のフランスの長さの単位です。

測定はつらいよ

時はフランス革命
王政打倒の機運が
急速に高まる中

測定調査は
簡単ではなかった

標識などについた
白旗によって
反革命分子と
勘ちがいされ

暴徒化した市民に
調査を阻まれた

紙幣の価値が暴落し
隣村へ移動もできず

食料や宿代にも
事欠いた

身がらや機材の
安全のために
王が発行した文書も

紙切れ同然どころか
疑惑の種にすら
なってしまった

4. 力と波の法則

ここからは，法則や原理についてみていきましょう。法則や原理は，大ざっぱにいうと，自然界のルールのようなものです。第4章では，力と波の法則について紹介します。

― 落体の法則 ―

羽毛も鉛玉もいっしょ。同じように落ちる

落下する物体の速さは，質量によらない

羽毛と金属の球を同じ高さから落とすと，どちらが先に落ちるでしょうか。

この実験の答えは，イタリアの科学者のガリレオ・ガリレイ（1564～1642）が発見した，「落体の法則」によって説明できます。**落体の法則とは，「落下する物体の速さは質量によらず，落下時間が２倍になれば落下距離は４倍（2^2倍）に，時間が３倍になれば距離は９倍（3^2倍）になる」という法則です。**

時間ごとの，球の位置を観察した

ガリレオは，木材で斜面をつくり，そこに球を転がして実験をしたとされています。**そして時間ごとの球の位置を観察して，球の移動距離が，移動時間の２乗に比例することを発見しました。**

この法則は，斜面の角度や球の質量を変えてもなりたちます。垂直落下も，傾き90度の斜面の移動と考えることができます。つまり空気抵抗がなければ，物体はその質量によらず，同じように落下します。軽い羽毛と重い金属の球ですら，同じように落下するのです。

真空中で落下する物体

落体の法則をあらわす，真空中で落下する羽毛と金属の球をえがきました。羽毛と金属の球は，同じように落下します。

真空中では，どんなものも同じように落ちるのだ。

— 慣性の法則 —

力を受けなければ，ずっと同じ速さで直進する

氷の上をすべる石は，なかなか止まらない

床の上の冷蔵庫を押して動かす場面を思いうかべてください。冷蔵庫を押すのをやめると，冷蔵庫は直後に動かなくなります。力を与えつづけなければ物体の動きは止まるというのが，日常生活の常識ではないでしょうか。

では，「カーリング」という競技のように，つるつるの氷の上で石をすべらせる場合はどうでしょう。**石が手からはなれて力を受けていない状態になったあとも，石はなかなか止まらずに動いていくでしょう。**これは，先ほどの常識とはことなるようにみえます。

摩擦がなければ，冷蔵庫は進みつづける

実は，物体は本来，ほかから力を受けないかぎり，その運動の方向と速さを変えることはありません。つまり，氷の上をすべる石のほうが，物体の本来の運動に近いのです。**もし摩擦や空気抵抗などがなければ，冷蔵庫も石も一定の速さでまっすぐに進みつづけます。これを，「慣性の法則」といいます。**静止した物体が，力を受けないかぎり静止したままであるのも，慣性の法則にしたがっています。

実感しにくい慣性の法則

床の上で冷蔵庫を押す場合（A）と，氷の上で石をすべらせる場合（B）をえがきました。摩擦や空気抵抗などがなければ，冷蔵庫も石も一定の速度でまっすぐ進みつづけます。

A. 床の上で冷蔵庫を押す場合

B. 氷の上で石をすべらせる場合

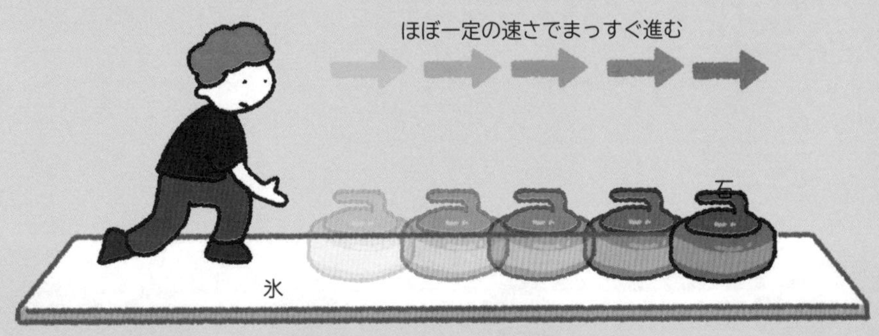

— ニュートンの運動方程式 —

大きく加速させたいなら，押す力大きめ重さ軽め

力を受けた物体が，どのように運動するか

イギリスの天才科学者のアイザック・ニュートン（1642 ～ 1727）は，1687年に「運動方程式」を発表しました。運動方程式とは，力を受けた物体がどのように運動するかについての法則を，式であらわしたものです。

物体は，力を受けると，速度が変化します。1秒あたりに速度がど

力と速度，質量の関係

下に，力を受けた物体の速度の変化をえがきました。右ページに，質量の大きさと加速のしやすさをえがきました。

A. 力を受けた物体の速度の変化

カーリングの石は，ヒトの力を受けて加速し，その後摩擦力を受けて減速します。

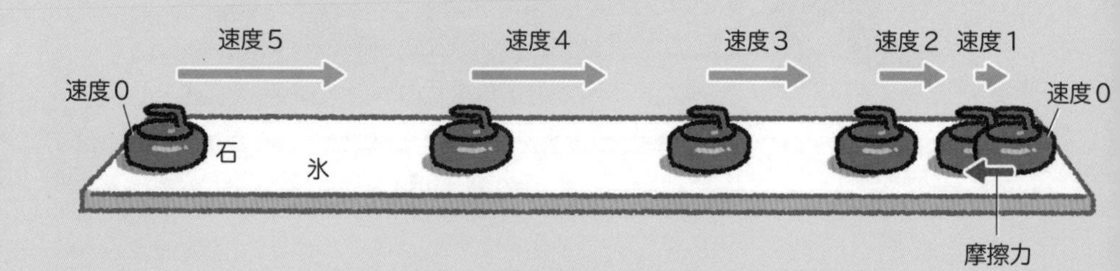

れだけ変化するかをあらわす量を，「加速度」といいます。**物体の質量をm，物体に生じる加速度をa，物体にはたらく力をFの記号であらわすと，「$ma=F$」となります。**これが，運動方程式です。

質量が大きい物体ほど，加速しにくい

運動方程式を使うと，物体の質量と物体にはたらく力から，物体に生じる加速度を求めることができます。

たとえば，質量のことなる物体に同じ力をはたらかせる場合は，物体の質量によって，物体に生じる加速度が決まります。質量が大きい物体ほど，加速しにくいからです。**物体に生じる加速度は，物体にはたらく力に比例し，物体の質量に反比例するのです。**

B. 質量の大きさと加速のしやすさ

アクセルを同じ強さで踏みつづけた場合，はたらく力が同じだとすると，重いトラックは加速度が小さく，速度が上がりにくくなります。

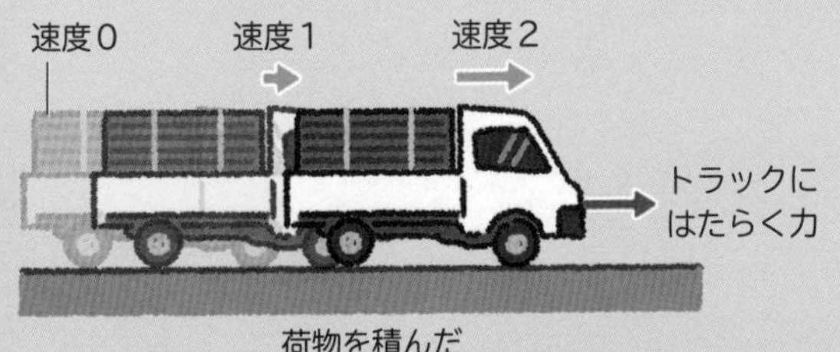

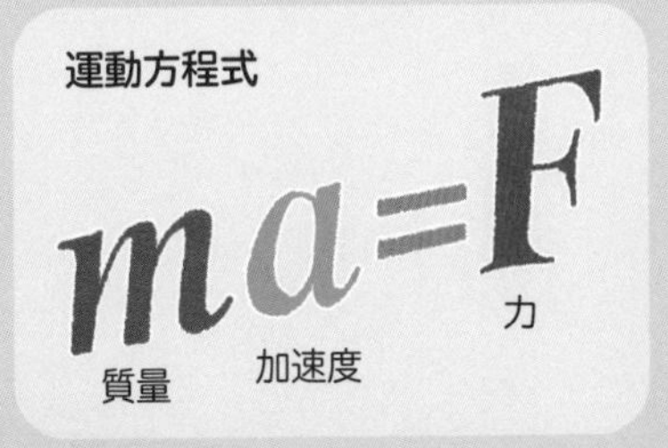

鳳凰が歩いた!? 「鳳足石」

「鳳足石」という石をご存じですか？　**鳳足石は福井県小浜市でとれる鉱石で，石の表面にあらわれる模様が鳳凰の足跡のようにみえることから，この名前がつけられました。**命名したのは，水戸黄門として知られる，徳川光圀（1628～1701）だといわれています。

鳳足石は，古くから，高級な硯の材料に使われてきました。江戸時代には小浜藩が，鳳足石の硯を天皇家に献上したり，他国の大名に贈ったり，寺に奉納したりしました。しかし現在，鳳足石を使って硯をつくる職人は，ほとんどいなくなってしまったようです。**このため鳳足石の硯は，いまでは入手することがきわめてむずかしい，貴重な美術品としてあつかわれています。**

鳳足石の硯で墨をすったら，いったいどんな感触がするのでしょうか。鳳凰の足跡をもつまぼろしの硯とは，なんとも神秘的ですね。

— 運動量保存の法則 —

力を受けなければ，運動量の合計は変わらない

運動量は，ある方向への勢いのようなもの

運動量は，「物体の質量（m）×速度（v）」であらわされる量です。速度には方向があるため，運動量にも方向があります。つまり運動量は，運動する物体のある方向への勢いのようなものといえます。

そして，「物体がもつ運動量の合計は，外から力を加えないかぎり変わらない」というのが，「運動量保存の法則」です。 この法則は，

運動量の合計は変わらない

ロケットの運動量の合計は，ゼロのまま保たれます。ガスをはきだしたロケットの運動量（MV）は，はきだされたガスの運動量（mv）と，同じ大きさで逆向きになります。

小さな質量

m

うしろ向きの速い速度

v

ガスになった分の燃料

mv

はきだされたガスの運動量（ガスをはきだしたロケットの運動量と等しい大きさ）

うしろ向きと前向きの運動量は，同じ大きさになるのね。

ニュートンによって，厳密に証明されました。

ロケットの運動量の合計は，ゼロのまま

たとえば，ロケットで宇宙を旅するときに，運動量保存の法則は役に立ちます。宇宙空間に静止したロケットは，何もしなければ前に進みません。前に進むためには，燃料を燃やしたガスをうしろへはきだして，ガスにうしろ向きの運動量をもたせます。

静止していたときにゼロだったロケットの運動量の合計は，ゼロのまま保たれます。**このため，ガスをはきだしたロケットの運動量は，はきだされたガスの運動量と同じ大きさで，その向きはガスとは逆の前向きになります。この結果，ロケットは前に進むのです。**

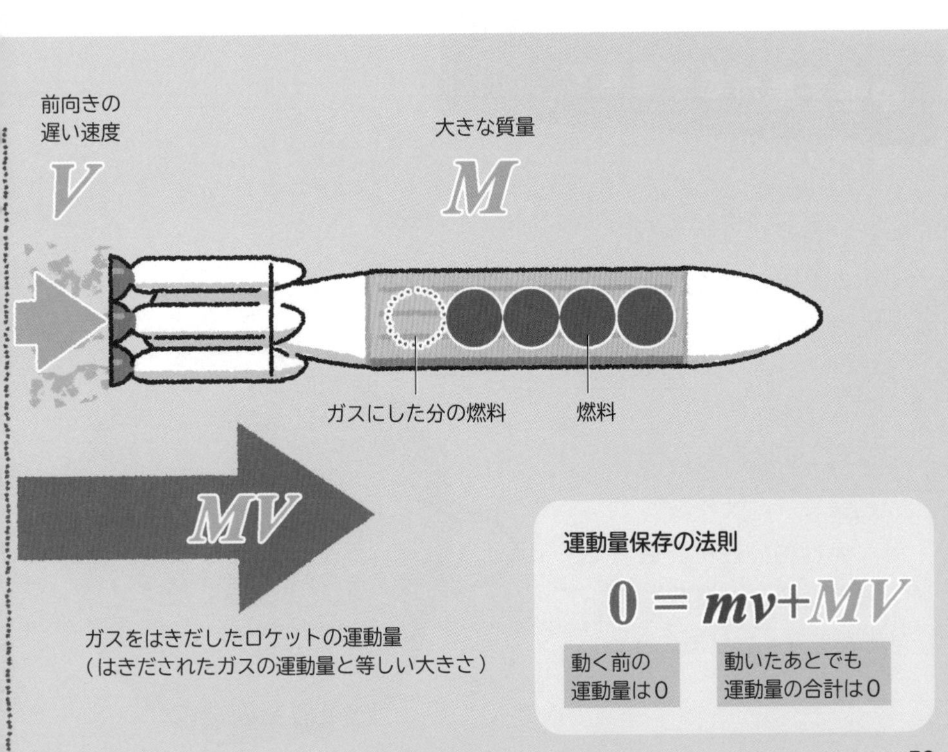

— 角運動量保存の法則 —

回転中の物は，ちぢむと回転速度が速くなる！

問題は，自転のスピードが速すぎることだった

1967年に，奇妙な天体が発見されました。その天体は，1秒余りの周期で，規則正しく点滅していた（パルスを放っていた）のです。

「パルサー」と名づけられたこの天体の正体は，当時なぞでした。ある方向にだけ光を放つ天体が自転していて，光を放つ方向が地球を向いたときにだけ光って見えると考えれば，パルサーが点滅している

中性子星ができるまで

質量の大きな恒星が，一生の最期に，ちぢんで中性子星になる過程をえがきました。中性子星は，半径10キロメートルほどと小さいながらも，太陽と同程度の質量です。大きな質量が自転軸の近くに集中するために，自転もきわめて速くなります。

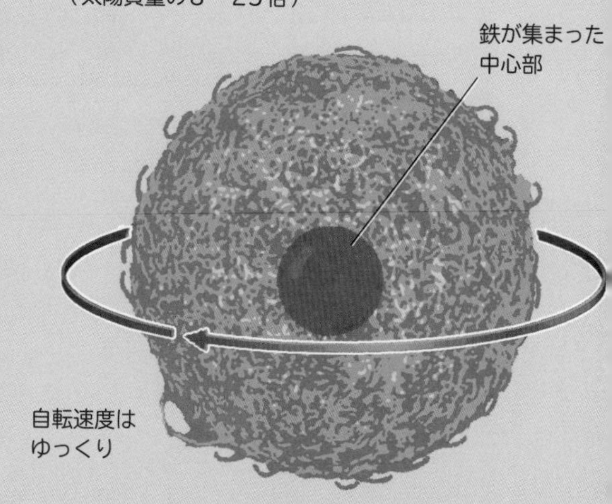

ことの説明はつきます。しかし問題は，自転のスピードが速すぎることでした。あまりに速く自転すると，遠心力のために恒星は形を保てないはずだからです。

パルサーの正体は，高速回転する小さな「中性子星」

パルサーのなぞをとくカギが，「角運動量保存の法則」です。**この法則によると，回転する物体がちぢむ（回転半径［r］が小さくなる）と，物体の回転速度（v）は速くなります。**反比例の関係です。ものが小さくちぢめば，その自転は速くなるのです。

パルサーの正体は，質量の大きな恒星が一生を終えるときに，中心部分がちぢんで残される，小さな「中性子星」でした。

角運動量保存の法則

$$m \times v \times r = const.$$

質量　回転速度　回転半径　一定

2. 中心部がちぢむ

高密度な中性子の芯

中心部がちぢんで，回転半径が小さくなり，自転速度が速くなる。やがて外側の層が爆発で吹き飛び，中性子が結合した芯が残る

3. 中性子星
（パルサー）

地球で観測される光

回転半径がきわめて小さくなり高速で自転する

― 波の反射と屈折の法則 ―

波は決まった方向に，反射したり屈折したりする

入射角と反射角は，同じ角度になる

光や音波などの波は，空気中から水中に入るときなどに，境界面で一部は反射して，残りは屈折しながら進みます。波が反射する角度と屈折する角度には，それぞれ法則があります。

反射面に垂直な直線である法線を引いたときに，入射した波と法線のつくる角度を「入射角」といいます。一方，法線と反射した波がつ

反射の法則と屈折の法則

左ページに反射の法則（A），右ページに屈折の法則（B）をえがきました。

A．反射の法則

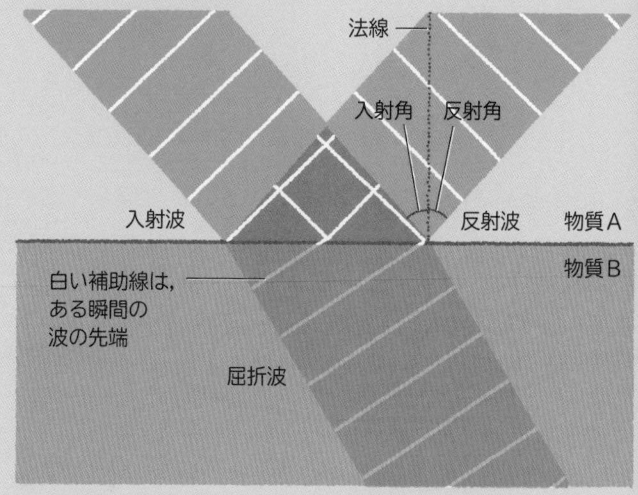

波は，法線をはさんで，入射した角度に等しい角度で反射します。

くる角度を「反射角」といいます。**入射角と反射角は，同じ角度になります。これが「反射の法則」です。**

入射角と屈折角の比の値は，一定になる

屈折面に法線を引いたとき，屈折した波と法線のつくる角度を「屈折角」といいます。**入射角iのsinと屈折角rのsinの比の値（sin i/sin r）は，一定になります。これが「屈折の法則」です。**

物質の境界面でおきる波の屈折は，境界面を境にしたことなる物質の中で，波の進行速度にちがいが生じるためにおきます。たとえば，光が空気中から水中に入るときには，光の進行速度が遅くなるため，屈折がおきるのです。

B．屈折の法則

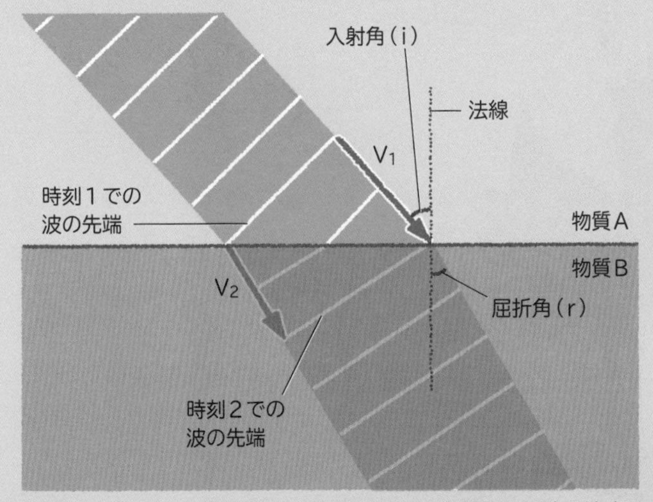

入射角i，屈折角r，物質Aでの波の速度V_1，物質Bでの波の速度V_2の間には，sin i/ sin r＝V_1/V_2＝屈折率，という関係がなりたちます。

5. 電気と磁気，エネルギーの法則

身のまわりには，電化製品などの，電気や磁気の法則を利用したものがあふれています。第5章では，電気と磁気，エネルギーの法則についてみていきましょう。

— オームの法則 —

電流を大きくしたいなら，電圧大きめ電気抵抗小さめに

電圧と電流は，比例の関係にある

「オームの法則」は，電圧（V），電気抵抗（R），電流（I）の関係をあらわしたものです。

オームの法則によると，電圧と電流は比例の関係にあります。そして，電圧は電気抵抗とも比例関係にある一方，電流は電気抵抗には反比例します。**式にまとめると，「電圧＝電気抵抗×電流（V＝R×I）」となります。これが，オームの法則です。**

電気抵抗が大きい導線は，電流が小さくなる

電気抵抗の値は，導線の種類や形状によって決まります。

電気抵抗が同じ導線に，より大きな電流を流したい場合は，その分高い電圧が必要になります。一方，より電気抵抗が大きな導線に，同じ大きさの電流を流したい場合には，その分高い電圧が必要になります。

逆の見方をすれば，より電気抵抗の大きな導線に，同じ高さの電圧しかかけられない場合は，その分流れる電流が小さくなるということです。

電圧，電気抵抗，電流の関係

電圧，電気抵抗，電流の関係をえがきました。一般的な乾電池の電圧は，1.5ボルトです。電気抵抗の大きな導線ほど，流れる電流は小さくなります。

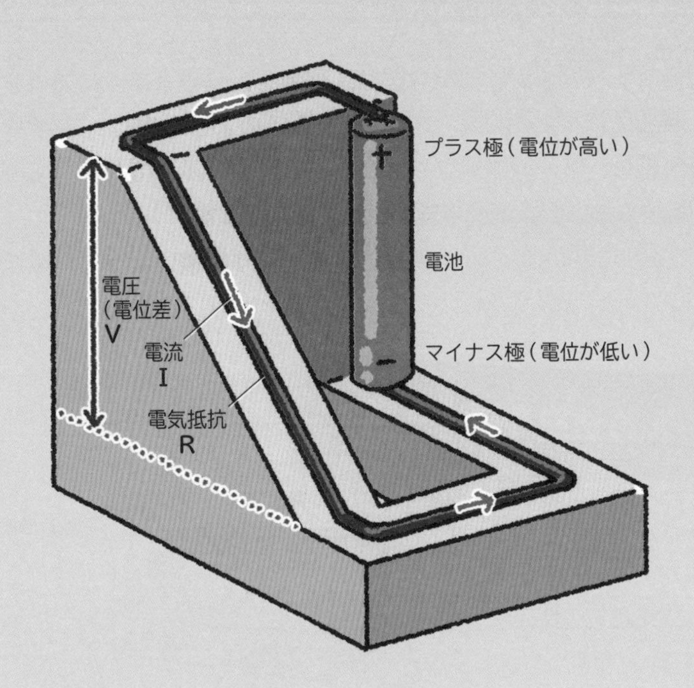

オームの法則

$$V = RI$$

電圧 単位（V）　電気抵抗 単位（Ω）　電流 単位（A）

電流の大きさは，電圧と電気抵抗で決まるんだカモノ。

— ジュールの法則 —

2 発熱量を大きくしたいなら，電流も電気抵抗も大きめに

電流を流すと，熱が発生する

電気ストーブやアイロンなどは，電源を入れるとすぐに熱くなります。**電流を流すことによって発生するこのような熱は，イギリスの物理学者のジェームズ・プレスコット・ジュール（1818～1889）の名前にちなみ，「ジュール熱」とよばれています。**

ジュールは，水につけた導線に電流を流す実験によって，電流と発

ジュールの法則を導く実験

ジュールの法則をみちびく実験のようすをえがきました。ニクロム線を水につけて電流を流し，水の温度上昇から発生した熱量を求めます。

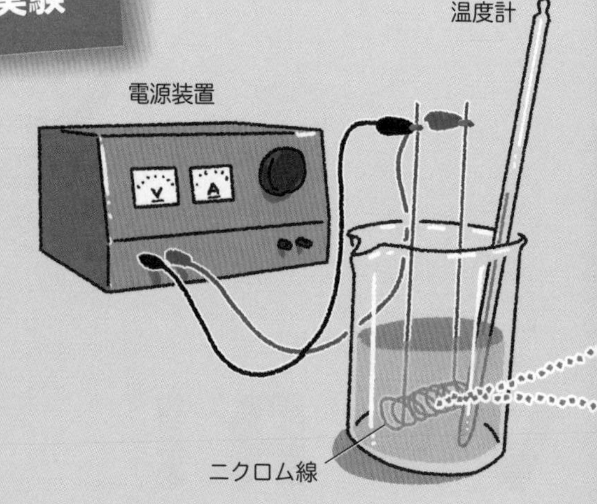

ジュールの法則

$$Q = I^2 \times R \times t$$

熱量	電流	電気抵抗	時間
単位（J）	単位（A）	単位（Ω）	単位（s）

生した熱量との関係をみちびきだすことに成功し，1840年に論文を発表しました。それが，「ジュールの法則」です。

ニクロム線に電流を流し，水の温度上昇を測定

ジュールの実験では，まず，「ニクロム線」を水につけます。ニクロムとは，非常に電気抵抗が大きい合金のことです。そしてニクロム線に電流を流し，温度計によって水の温度上昇を測定します。電流や抵抗の大きさを変えながらこの実験を行うことで，電流や抵抗の大きさと，熱量との関係を求めることができるのです。

こうしてみちびかれたジュールの法則は，「発生する熱量（Q）は電流（I）の2乗と電気抵抗（R）に比例する」というものです。

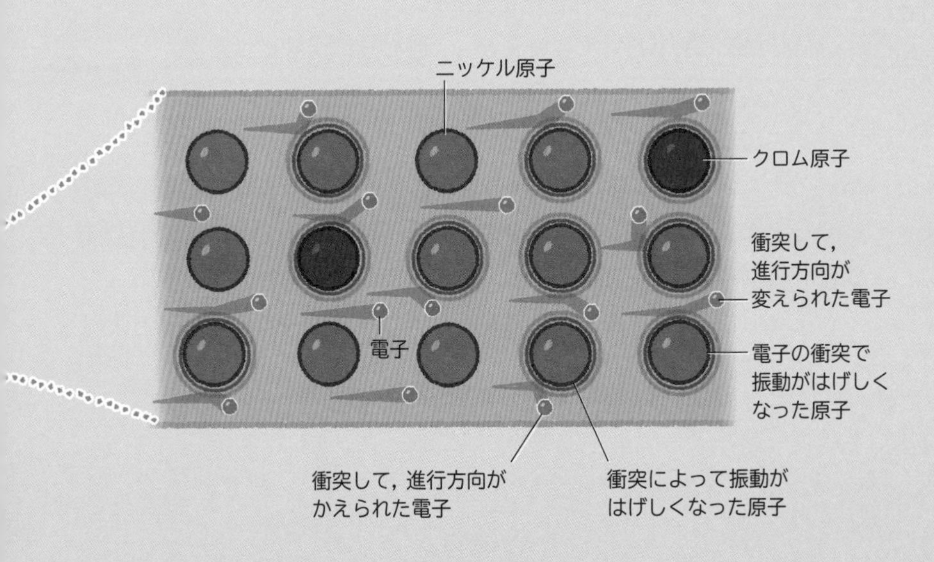

ニクロム線をミクロな視点で見た模式図です。ニクロム線の原子に電子が衝突すると，原子の振動がはげしくなり，熱が発生します。

— アンペールの法則 —

導線のまわりの磁界は，電流が大きいほど強くなる

磁界の向きは，電流の向きによって決まる

電流と磁力の間には，密接なつながりがあります。直線の導線を流れる電流のまわりには，同心円状に磁界（磁場）が発生します。この磁界の向きは，電流の向きによって決められます。

ねじをまわすことを想像してみましょう。**導線を流れる電流の向きを，ねじ（右ねじ）が進む向きと考えます。このとき，ねじをまわそうとする向きが，磁界の向き（N極が磁力を受ける向き）になるのです。**この関係を，「右ねじの法則」といいます。

同心円の半径が小さいほど，磁界は強くなる

直線の導線に電流を流したときに生じる，同心円状の磁界の強さは，電流の大きさと同心円の半径から求めることができます。**電流が大きいほど，また同心円の半径が小さいほど（導線に近い場所ほど），磁界は強くなります。**この法則は，フランスの物理学者のアンドレ・アンペール（1775～1836）の名をとり，「アンペールの法則」とよばれています。

注：磁力と電流，磁界の関係は，19世紀に，複数の科学者によって明らかにされました。
アンドレ・アンペール，ジャン＝バティスト・ビオ，フェリックス・サバール，
マイケル・ファラデー，ジェームズ・マクスウェルなどです。

磁界とアンペールの法則

直線の導線に電流を流すと，右ねじの法則にしたがった向きに，同心円状の磁界ができます。この磁界の強さは，電流の大きさと，同心円の半径から求めることができます。

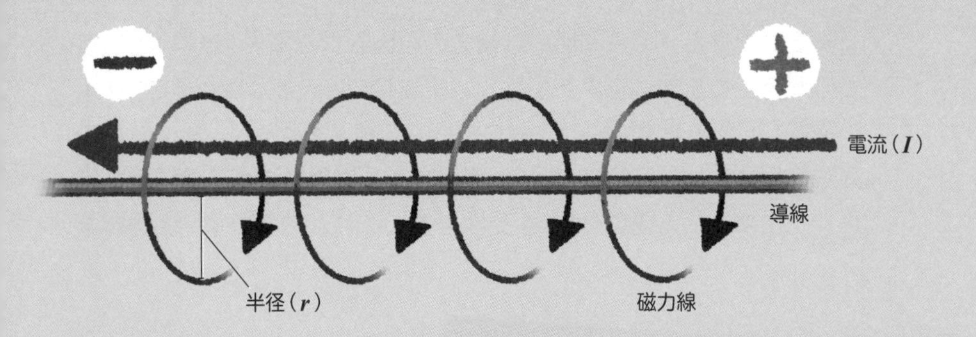

アンペールの法則

$$H = \frac{I}{2\pi r}$$

H：磁界の強さ
I：電流の大きさ
r：同心円の半径

磁界の向きは，電流の進む方向に向かって右回りになるのね！

— フレミングの左手の法則 —

4 電流と磁界と力の向きは，すべて直角

導線を流れる電流は，磁界から力を受ける

磁石があると，その周囲には磁力の原因となる磁界（磁場）というものが発生します。磁界が生じている磁石のＮ極とＳ極の間に，１本の導線（イラストでは短いアルミニウムの棒）があるとします。この導線に「電流」を流してみましょう。すると導線を流れる電流は，磁界から決まった方向に「力」を受けます。これが磁力です。**このとき**

力がはたらく向き

イラストの実験装置で，長いアルミニウムの棒を電源につなぐと，電流が流れて，短いアルミニウムの棒が動きます。短いアルミニウムの棒にはたらく力の向きは，フレミングの左手の法則を使うと簡単にわかります。

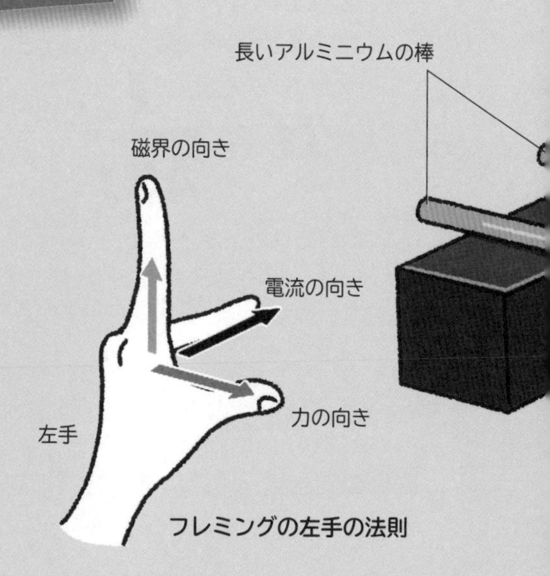

中指を電流の向き，人さし指を磁界の向きに向けると，親指の向きが力の向きになります。

の電流の向き，磁界の向き，力の向きの関係を，左手を使ってあらわしたものが，「フレミングの左手の法則」です。

左手の中指，人さし指，親指を使う

フレミングの左手の法則は，イギリスの電気工学者のジョン・アンブローズ・フレミング（1849～1945）が考案しました。

フレミングの左手の法則では，左手の中指，人さし指，親指を使います。まず3本の指を，それぞれが直角にまじわるようにのばします。**そして，中指を電流の向き（電源のプラス極からマイナス極の方向）に，人さし指を磁界の向き（N極からS極の方向）に向けると，親指の向きが力の向きになるのです。**

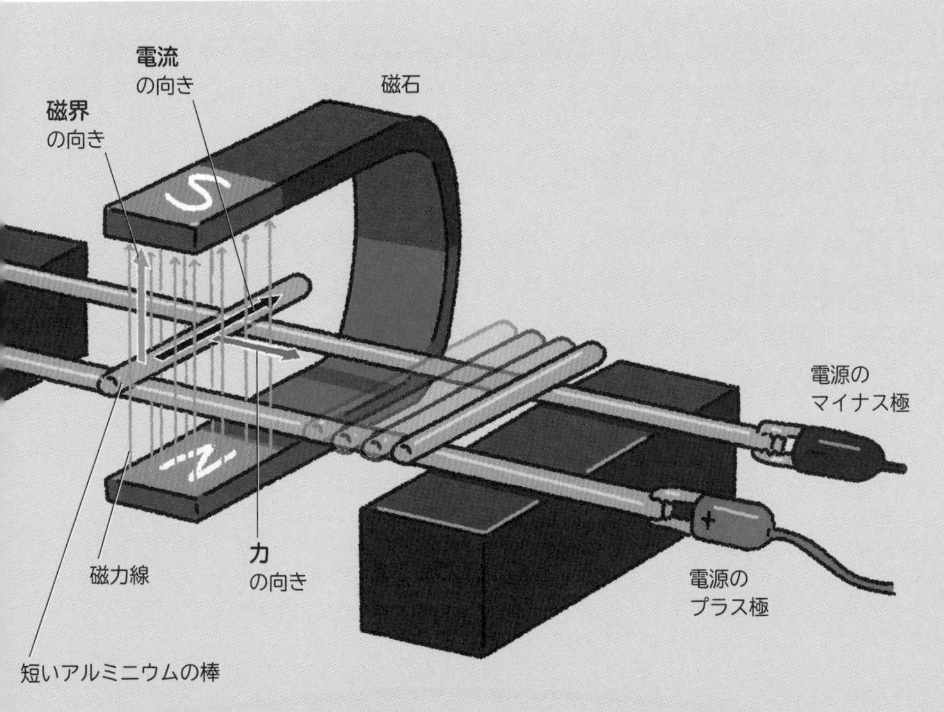

フレミングの右手の法則

フレミングが考案した法則には，実は右手を使ったものもあります。「フレミングの右手の法則」です。

「磁界」のなかで，回路になった導線を「動かす」と，導線に「電流」が流れます。回路をつらぬく磁束が，変化するからです。フレミングがロンドン大学で電気工学を教えていたとき，学生が「導線を動かす向き」「磁界の向き」「電流の向き」の関係を，なかなか覚えられませんでした。**この関係を簡単に覚える方法として考案されたものが，フレミングの右手の法則です。**

前のページのフレミングの左手の法則も，「電流の向き」「磁界の向き」「導線が力を受ける向き」の関係を，簡単に覚える方法として考案されたものです。**現在，フレミングの左手の法則と右手の法則は，日本をはじめ多くの国で義務教育に取り入れられています。**フレミングのやさしさが生んだ法則が，世界中の生徒たちを救っているのです。

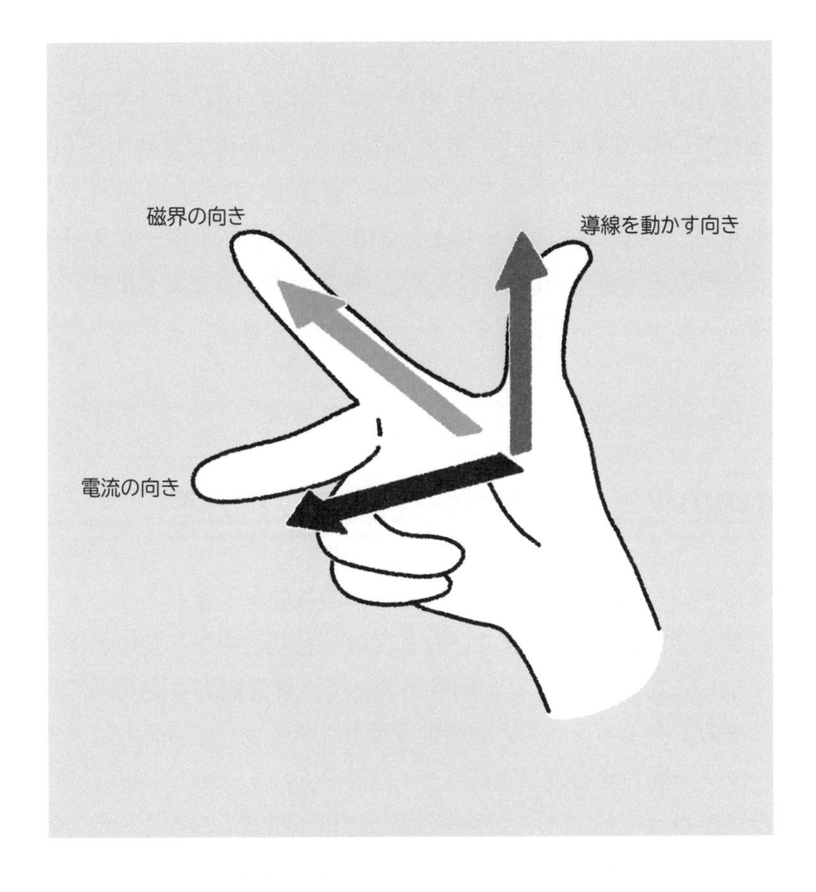
磁界の向き
導線を動かす向き
電流の向き

― エネルギー保存則 ―

エネルギーは，うつりかわっても総量いっしょ

エネルギーは，互いにうつりかわれる

自然界には，光のエネルギー，化学エネルギー（原子や分子にたくわえられているエネルギー），電気エネルギー，音のエネルギー（空気の振動のエネルギー），核エネルギー（原子核にたくわえられているエネルギー），熱エネルギーなど，さまざまなエネルギーがあります。**これらのエネルギーは，互いにうつりかわることができます。**たとえば，スピーカーは電気エネルギーを使って，音のエネルギーを生みだします。

体は食物の化学エネルギーを利用している

エネルギーとは，「力を生みだし，物体の運動を引きおこすことのできる潜在能力」だといえます。たとえば，私たちの体も食物のエネルギー（化学エネルギー）を利用することで，体を動かす力を得ています。光のエネルギーも，太陽電池で電気エネルギーに変えれば，エレベーターを動かせるのです。

うつりかわっても，エネルギーの総量は増減せず，つねに一定で変化をしません。これを「エネルギー保存則」といいます。

さまざまなエネルギーの形態

自然界にある，さまざまなエネルギーの例を，えがきました。

光のエネルギー

化学エネルギー

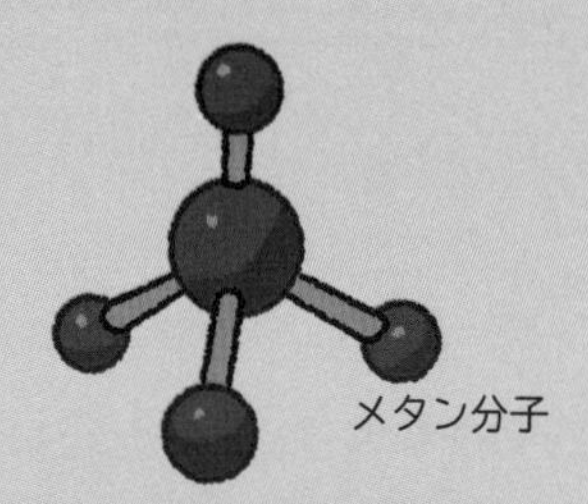

燃焼などの化学反応で，化学エネルギーを熱エネルギーなどとして取りだすことができます。

電気エネルギー

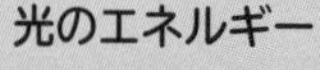

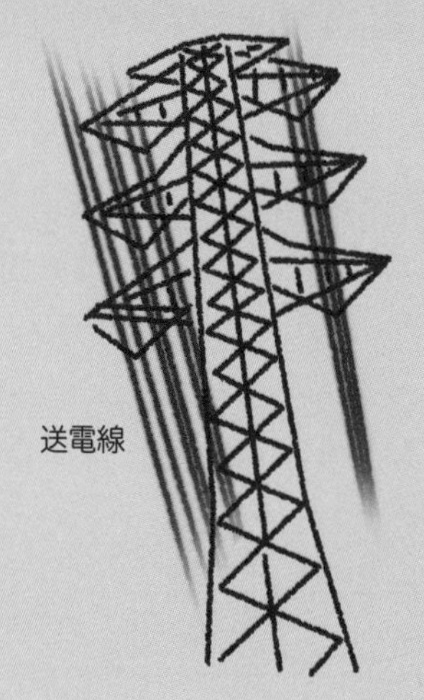

音のエネルギー

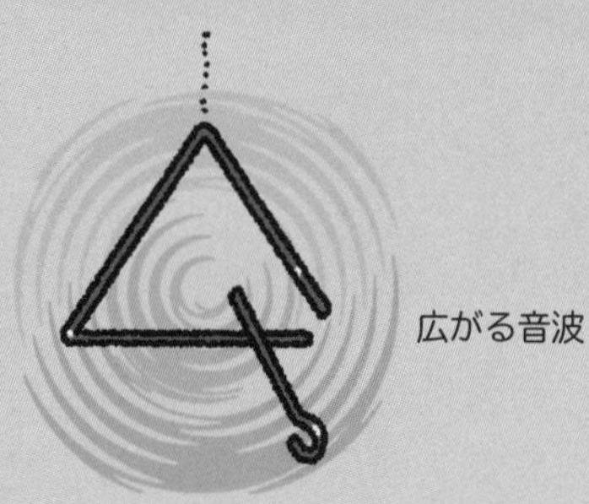

核エネルギー

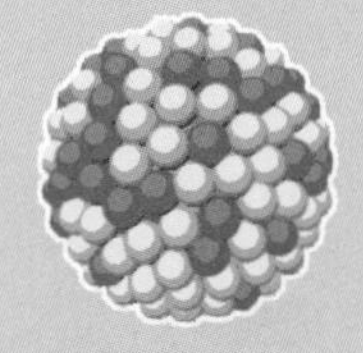

核分裂反応や核融合反応などで，核エネルギーを熱エネルギーなどとして取りだすことができます。

熱エネルギー

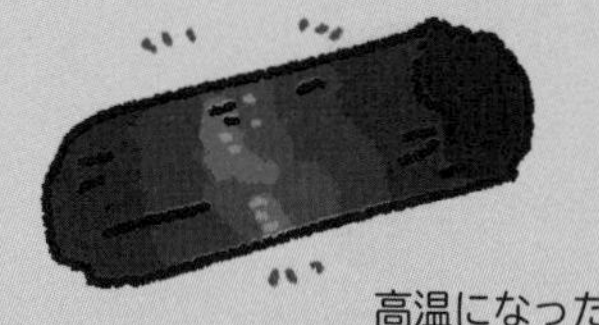

— エントロピー増大の法則 —

あらゆるものごとは，均一になりたがる

偏りのない状態へ向かうしかない

熱い飲み物は，やがて必ず冷めます。冷めた飲み物が，ひとりでに温まることはありません。この流れには，さからえないのです。

こうした一方向への流れは，「エントロピー増大の法則」によって説明されます。エントロピーとは，「偏りのなさ」をあらわす概念です。**この法則は，偏りのない状態へ向かうしかないことを意味しています。**

エントロピーは増大する

箱の中に熱い飲み物を置いたときの，温度の偏りの変化をえがきました。

飲み物の例でいえば，飲み物と部屋の温度が均一になる方向にしか，変化しないのです。

局所的に偏った状態が生じることがある

エントロピー増大の法則によれば，ものごとは，偏った状態へは変化しないはずです。しかし，宇宙空間には，熱い恒星や複雑な構造をもった銀河などの多彩な天体があり，今も宇宙のどこかで生まれつづけています。これは自然界のあるべき流れに，一見，反しているようにみえます。**実は，宇宙という十分大きい箱の中では，局所的に偏った状態が生じることがあります。それでも，宇宙全体では，エントロピーは増大しているのです。**

エントロピー増大の法則

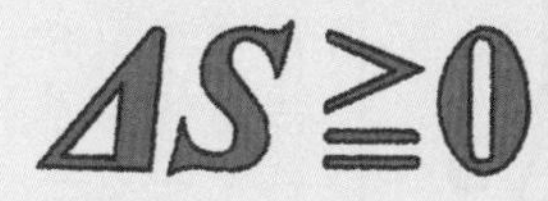

Sは，エントロピーをあらわします。⊿（デルタ）は，変化後から変化前を引いた差を意味します。⊿S≧0ということは，変化後のエントロピーは変化前よりもふえるということです。

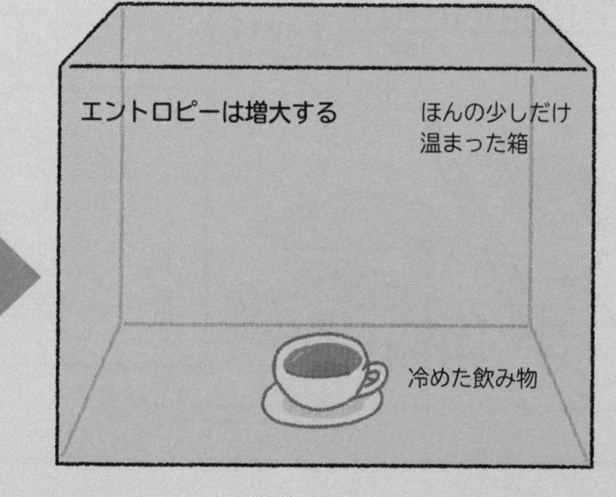

時間がたつと，箱の中の温度の偏りはなくなります。

単位「メートル」の普及

1メートルの長さの
決定に合わせて
発行予定だった
記念メダルには

「すべての時代に
すべての人々に」
という言葉が
刻まれていた

その理念もむなしく
メートルは普及せず

ついに1837年
メートル以外を禁止
する法律を発令

1851年の
ロンドン万博と
1867年の
パリ万博で
広報を行い

国際的にも徐々に
認知されていった

鉄道や科学の発達も
後押しとなり
1875年には
17か国間で
メートル条約が締結

1799年に
メートルの定義が
決定してから
76年もたっていた

メートル定義の悩み

1879年には
それまでの原器から
形状と材質を改良した
メートル原器が完成
1889年、
第1回国際度量衡総会で
正式な国際メートル
原器となった

しかし原器は
物である以上
精度や経時変化、
紛失リスクなど
課題が多かった

そこで、物ではなく
「クリプトン原子の
光の波長」を新基準に。
ただ、再現性が悪いと
いう問題があった

その後、セシウム
原子時計により
「秒」を正確に測定
可能となったことで
「光速」と「秒」を
基準とした定義となり
今にいたる

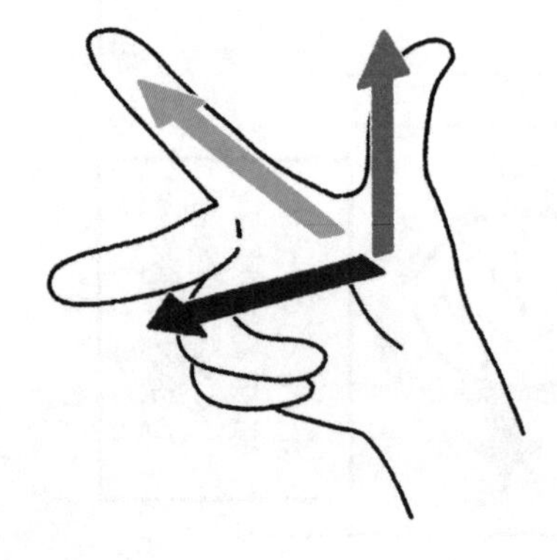

6. 相対論と量子論，宇宙の法則

相対論は，時間と空間の理論である「特殊相対性理論」と，時間と空間と重力の理論である「一般相対性理論」からなります。一方，量子論は，ミクロな世界の物理法則です。第6章では，相対論と量子論，宇宙の法則についてみていきましょう。

— 相対性原理 —

投げ上げた球は，手元に戻ってくる

動いている船の上でも，球は真下に落ちる

ポーランドの天文学者のニコラス・コペルニクス（1473 ～ 1543）が「地動説」を唱えたとき，「天動説」を支持する学者たちは次のように反論しました。「地球が動いているなら，地球上で投げ上げた球は，自分の手元にはもどってこないはずだ」。

この反論に対して，地動説を信じたガリレオ・ガリレイは，次のよ

ガリレイの相対性原理

地動説

太陽

ガリレオは，地動説に反対を唱える天動説の支持者たちに，動いている船のマストの上から落とされる球の例を出しながら反論しました。右ページにえがいたのは，等速直線運動をする電車の中で，球を投げる場合です。

うに反論しました。**「止まっている船の上でも動いている船の上でも，球を落とすと球は真下に落ちてくる。地球が動いていたとしても，投げ上げた球は，手元にもどってくるだろう」。**

動いている場所でも，物体の運動にちがいはない

ガリレオは，「慣性の法則」の発見者であり，ガリレオの反論も慣性の法則をいいかえたものです。**この考えを進めると，「静止している場所であろうと一定の速さで動いている場所であろうと，そこでおきる物体の運動にはちがいがない」と考えられます。**これが，「ガリレイの相対性原理」です。一定の速さで動いているとは，等速直線運動（一定の速さでまっすぐに運動）しているということです。

等速直線運動をする電車の中で，球を投げる場合

等速直線運動をする電車の中で球を投げ上げると，球は手元に戻ってきます。

電車の中でジャンプしても，同じ場所に着地するのは，この原理のためなのね。

— 光速度不変の原理 —

2 光の速さは，いつも秒速約30万キロメートル

真空中の光の速さは，だれから見ても一定

19世紀の終わりに，電磁気学の理論に登場する「光の速さ」は，だれから見た速さなのか，という問題が物理学者の間で議論されました。

ドイツの物理学者のアルバート・アインシュタイン（1879～1955）は，電磁気学の方程式をそのまま認めて，真空中の光の速さは，だれから見ても一定の値と考えることを提案しました。**つまり光速は，どんな条件のもとでも，観測する場所の速さや光源の運動の速さには関係なく，つねに決まった速度（秒速約30万キロメートル）で一定なのだと考えたのです。**

速さの常識をくつがえした

アインシュタインは，真空中の光の速さがだれから見ても一定の値であることを，「光速度不変の原理」として，科学の理論を考えるうえでの「大前提」としました。**そして速さの常識をくつがえしたこの原理から，アインシュタインは「特殊相対性理論」を打ち立て，時間と空間の常識をもくつがえしたのです。**

光の速さは変わらない

光の速さは，宇宙飛行士から見ても，宇宙船の中から見ても，秒速約30キロメートルで公転する地球上から見ても，秒速約30万キロメートルで変わりません。また，光源がどちら向きに，どれだけの速さで進んでいようとも変わりません。

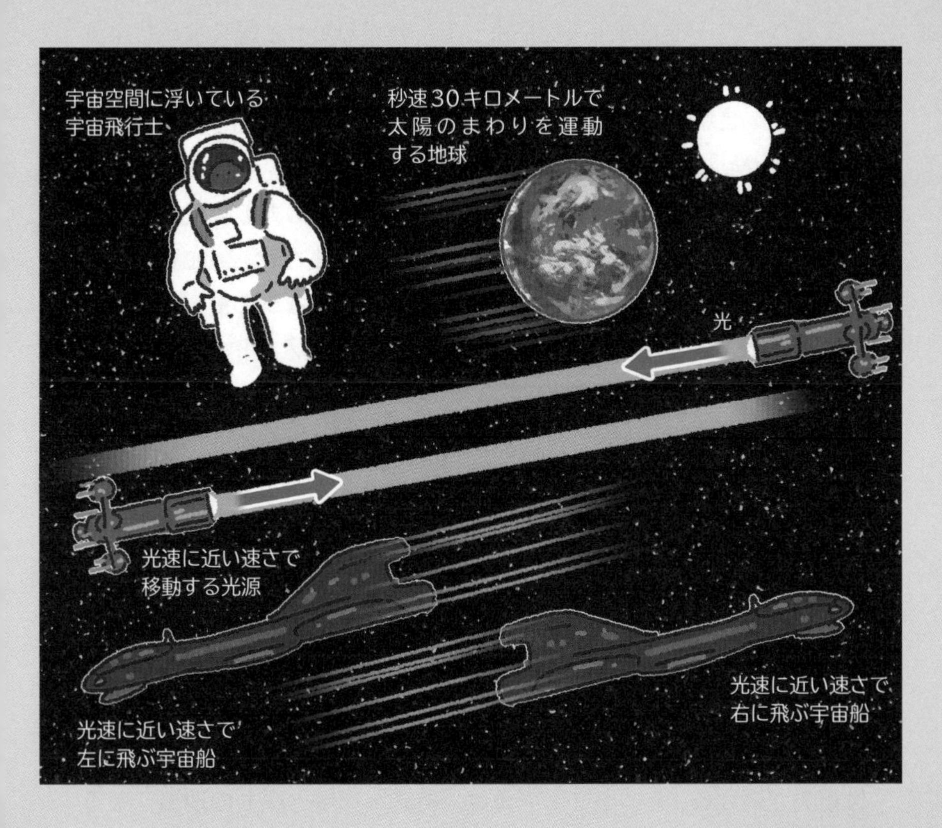

どこからどう見ても光の速さが変わらないって，
ちょっと信じられないカモノ。

— 等価原理 —

重力と加速で生じる力は，区別できない！

見かけの力の存在は，美しくない

エレベーターの急な上下動によって，体がふわっと軽くなったように感じたり，ずっしりと重くなったように感じたりしたことはありませんか？　この現象を，ニュートン力学では，「慣性力」という実在しない見かけの力で説明します。

しかしアインシュタインは，そのような見かけの力の存在は，物理学の法則としては美しくないと考えました。**慣性力の正体を考えはじめたアインシュタインは，重力と，加速度運動によって生じる慣性力は，区別ができないもの（等価）であるという考えにいたりました。**これを，「等価原理」といいます。

落下する箱の中では，重力が消える

人が入った箱が，自由落下する場合を考えてみましょう。**箱は下向きに加速度運動をしているので，箱の中では，上向きに慣性力があらわれます。重力の効果は消え，中の人は無重力状態になります。**つまり重力は，箱の中では消すことができるのです。「落下する箱の中では重力が消える」というこの考えは，時間と空間と重力の理論である「一般相対性理論」の，重要な土台となりました。

等価原理をみちびく思考実験

人の入った窓のない箱が，自由落下するようすをえがきました。箱の中では，重力と慣性力が打ち消しあって，重力と慣性力の合力（みかけの重力）がゼロになります。箱の中の人は，無重力状態が自由落下によって生まれたものなのか，本当に無重力の空間にいるのか，区別できません。

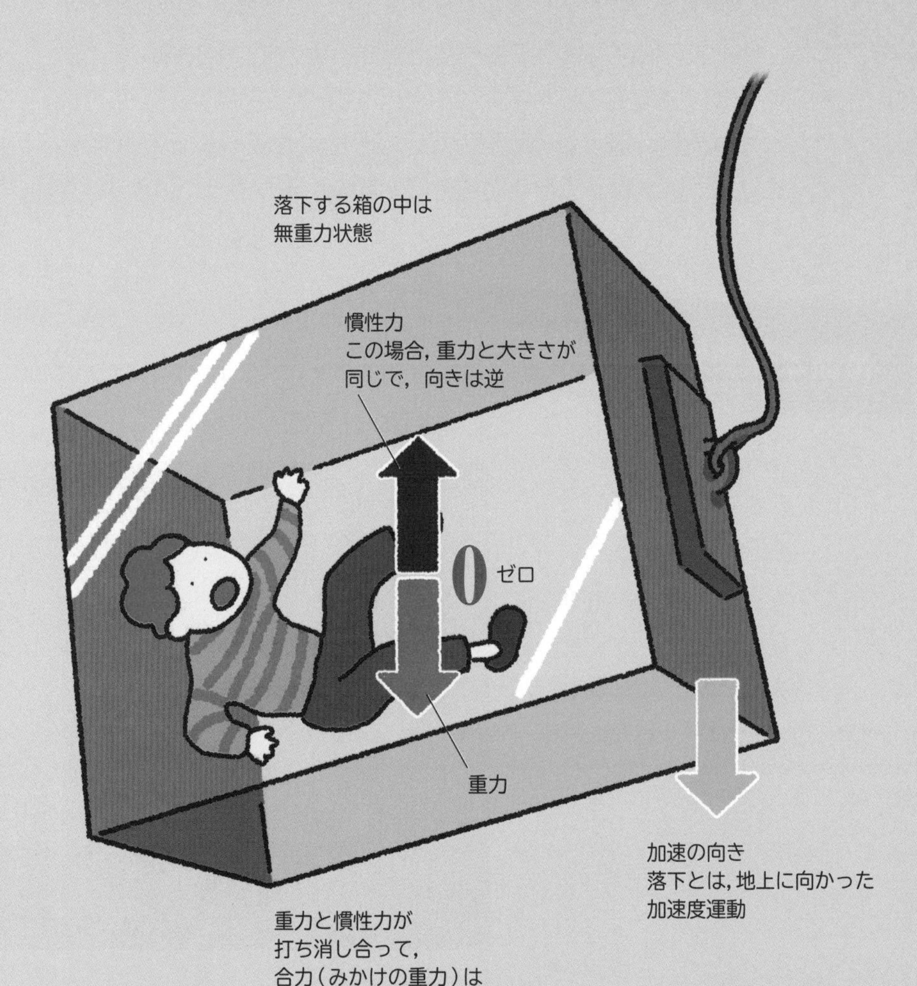

— 不確定性原理 —

4 一つを正確に決めると，もう一つが不確かに

波と粒子の二つの面を，あわせもつ

ミクロな世界の物理法則を，「量子論」といいます。ミクロな世界では，私たちの常識ではとても考えられないような，奇妙なことがおきているといいます。

たとえば光は，波であると同時に，粒子的な性質ももっています。たとえば電子は，粒子であると同時に，波の性質ももっています。波

位置と運動量の不確定性関係

電子を例に，位置と運動量の不確定性関係をえがきました。電子の位置を正確に決めると運動方向が不確かになり（A），電子の運動方向を正確に決めると位置が不確かになります（B）。

A. 位置を正確に決めると，運動方向が不確かになる

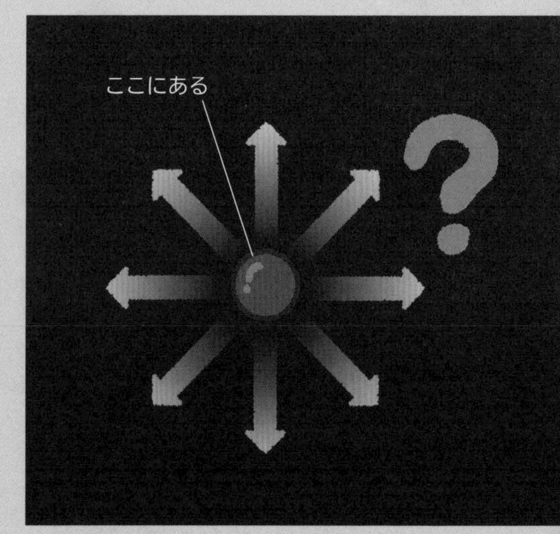

電子の運動方向がわからない
（電子はさまざまな方向に同時に運動しています）

は広がりをもつもので，粒子は特定の1点に存在するものです。**この相容れない二つの面を，光や電子などはあわせもっているというのです。**

二つの情報を，同時に正確に決められない

ミクロな世界は，「あいまい」でもあります。その性質をあらわす一つが，「不確定性原理」です。**不確定性原理は，一つの情報を正確に決めると，もう一つの情報を正確に決めることができなくなるという原理です。** たとえば，ミクロな世界では，粒子の位置と運動方向（正確には運動量）を，同時に正確に決めることはできません。これを，「位置と運動量の不確定性関係」といいます。

B. 運動方向を正確に決めると，位置が不確かになる

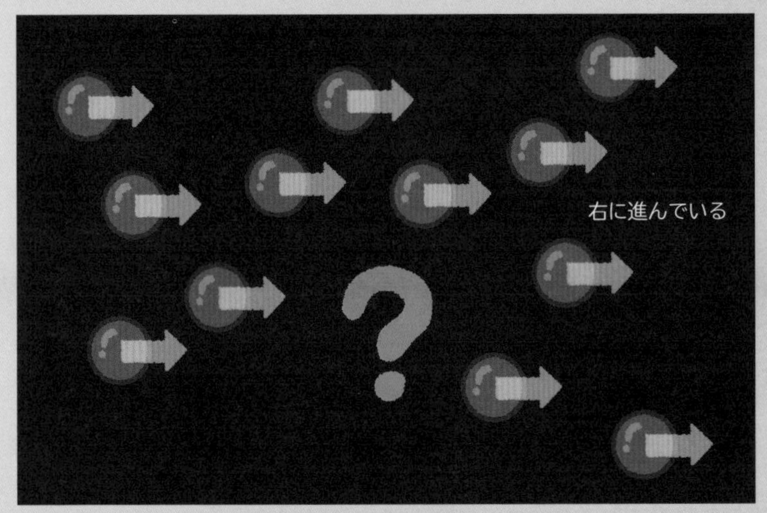

電子がどこに存在するかわからない
（電子がここにある，そこにあるといった無数の状態が共存しています）

博士！
教えて!!

ジャネーの法則って何？

今日もたくさん遊んで，楽しかったなぁ。

よいことじゃ。充実して，長い１日だったじゃろう。わしにとっては，今日もあっという間の１日じゃ。

こんなに長い１日が，あっという間だなんて！

年をとるごとに，時間の流れはどんどん早く感じられるそうじゃ。19世紀のフランスの哲学者のポール・ジャネーが発案した「ジャネーの法則」によれば，時間の経過の体感速度は，年齢の逆数に比例するとされておる。

それってつまり，どういうことでしょう……？

同じ１年でも，２歳ごろのときの１年は１歳ごろのときの２分の１，50歳ごろのときの１年は50分の１に感じるということじゃ。この法則によれば，人生が80年だとすると，折り返し地点はなんと10歳ということになるんじゃよ。

ぼくももう，人生の折り返し地点なんですね……！

— ケプラーの法則 —

惑星の動きは，正確に説明できる

一定時間にえがく扇形の面積は等しい

　ドイツの天文学者のヨハネス・ケプラー（1571 ～ 1630）は，火星や木星などの「惑星の運行」にひそむ法則をみつけようと，蓄積された観測データを解析しました。**そして火星の観測データから，「惑星と太陽を結んだ直線が，一定時間にえがく扇形の面積は等しい」という法則（ケプラーの第２法則）を発見しました。**ところが，この法則

ケプラーの第２法則

ケプラーの第２法則をえがきました。惑星は，太陽から遠いところはゆっくり通過し（1），太陽に近いところは早く通過します（2）。惑星と太陽を結んだ直線が一定時間にえがく扇形の面積は，同じになります（3）。

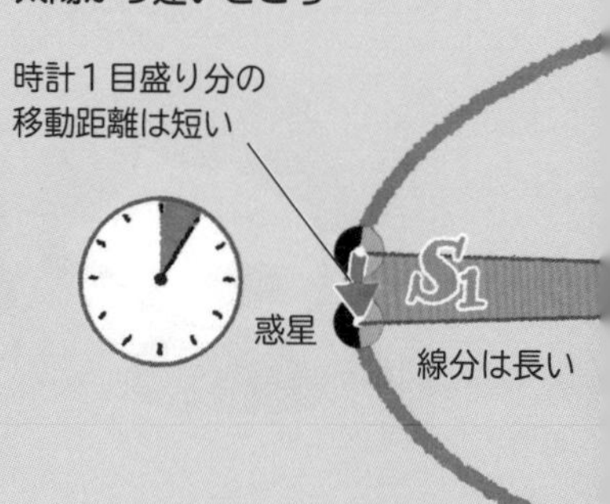

ケプラーの法則
第１法則…惑星の軌道は楕円である
第２法則…惑星と太陽を結ぶ線は，一定時間に必ず同じ面積をなぞる
第３法則…公転周期の２乗は，軌道長半径の３乗に比例する

と観測データから計算される火星の軌道は，どうしても完全な円軌道と一致しませんでした。

惑星の軌道は，楕円である

試行錯誤の末，ようやくケプラーは円軌道という思いこみがまちがいであることに気づき，「惑星の軌道は楕円である」という法則（ケプラーの第1法則）を発見しました。さらにケプラーは，「惑星が太陽を1周する時間の2乗は，楕円軌道の長いほうの半径の3乗に比例する」という法則（ケプラーの第3法則）も発見しました。

複雑にみえた惑星の動きを正確に説明する三つの法則が，「ケプラーの法則」です。

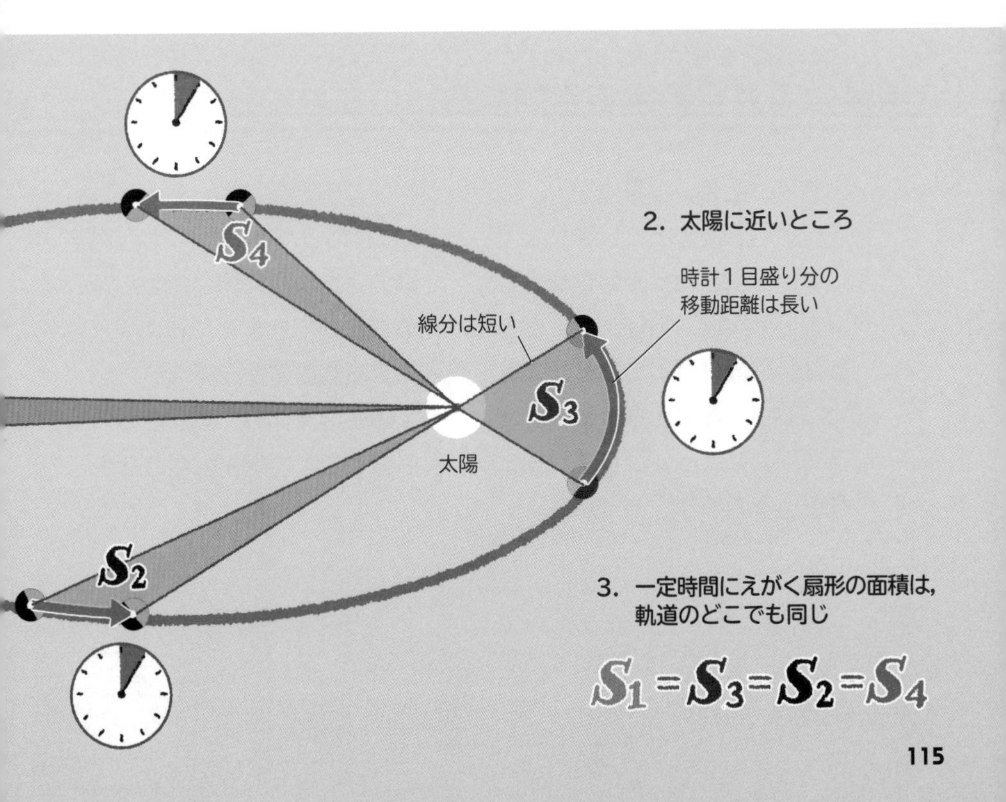

— 万有引力の法則 —

6 あらゆる物は，引きつけ合っている

月と地球も，引き寄せあっている

ニュートンは1687年に，「万有引力の法則」を発表しました。**万有引力の法則によれば，リンゴも月も地球も，あらゆるものはたがいに引き寄せる力をおよぼしあっています。**したがって，リンゴと地球が引き寄せあうのと同じように，月と地球も引き寄せあっているのです。月が地球に落ちてこないのは，月が時速約3600キロメートルというスピードで，地球のまわりをまわっているためです。

無重力で真空の宇宙空間なら，いずれくっつく

万有引力とは，文字どおり，「万物が有する引き合う力」を意味します。テーブルの上にはなして置いた二つのリンゴも，微弱な万有引力によって引き合っています。ただ，その力はあまりに弱いため，万有引力の効果は，地球上ではほとんど見ることができません。

はなして置いた二つのリンゴは，無重力で真空の宇宙空間なら，いずれくっつくと考えられます。私たちの太陽系の天体も，ちりとガスが万有引力によって少しずつ集まり，くっつくことで誕生したと考えられているのです。

万有引力の法則

月にも地上のリンゴにも，万有引力がはたらくことをえがきました。万有引力の法則の式は，「二つの物体にはたらく万有引力は，それぞれの質量に比例し，物体間の距離の2乗に反比例する」ことをあらわしています。

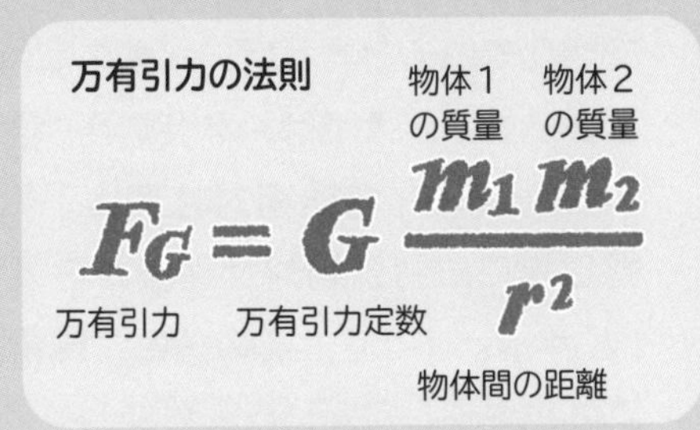

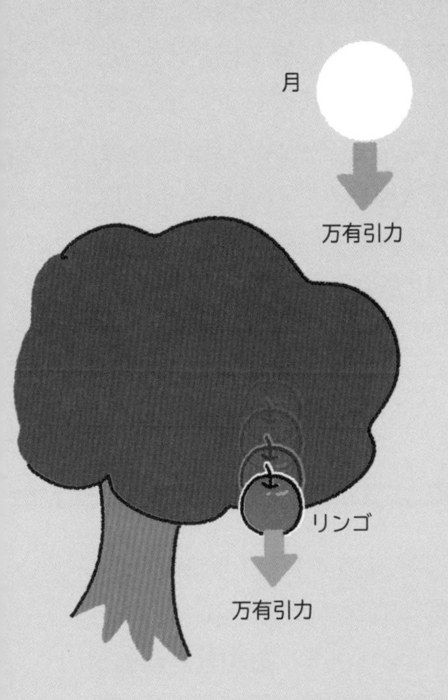

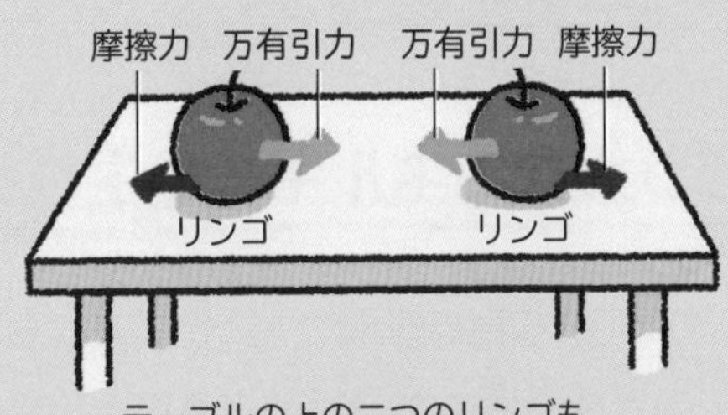

テーブルの上の二つのリンゴも，万有引力で引き合っています。摩擦力が万有引力を打ち消すので，リンゴどうしは接近しません。

質量が大きく，距離が近いものどうしほど，強く引き合うのだよ。

— 質量とエネルギーの等価性 —

質量とエネルギーは，入れかわり可能！

特殊相対性理論からみちびきだされた法則

太陽は，水素やヘリウムの集まりです。太陽にある水素が化学反応で燃えているとすれば，水素の量は数万年で燃えつきるほどしかないといいます。太陽は，なぜ燃えつきてしまわないのでしょうか。

1905年に「特殊相対性理論」をうちたてたアインシュタインは，同じ年に，特殊相対性理論から重要な法則をみちびきだしました。「$E=mc^2$」です。**この式は，質量もエネルギーの一つであり，他のエネルギーとたがいに入れかわることができるということを意味しています。**

ぼう大なエネルギーが生じる

やがて物理学者たちは，「$E=mc^2$」を考慮すれば，太陽が燃えつきない理由を説明できることに気づきました。太陽の中心部では，4個の水素が融合して，1個のヘリウムになります。**このとき水素がもっていた質量の一部は消え去り，引き換えにぼう大な熱エネルギーが生じます。**この核融合反応によるエネルギーを用いれば，太陽は100億年にわたって輝きつづけられることがわかったのです。

質量がエネルギーになる

太陽の中心部では，4個の水素から1個のヘリウムができる，核融合反応がおきています。反応の前後で，0.7％ほどの質量が，熱エネルギーになります。

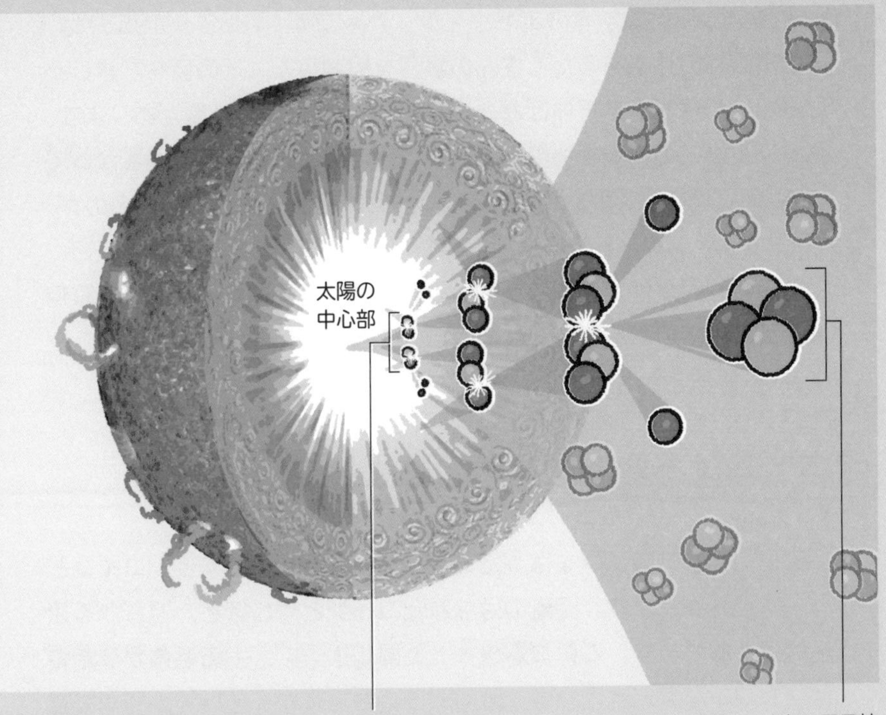

質量とエネルギーの等価性

$$E=mc^2$$

エネルギー 単位（J）　質量 単位（kg）　光速 約30万（km/s）

— ハッブル-ルメートルの法則 —

8 遠くにある銀河ほど，速く遠ざかっている

速く遠ざかる天体ほど，より赤く見える

アメリカの天文学者のエドウィン・ハッブル（1889～1953）は，天の川銀河の外にあるたくさんの銀河を観測して，その色を記録しました。速く遠ざかる天体ほど，より赤く見えるという性質があります。**ハッブルはこの性質を利用して，遠い銀河ほど速い速度で遠ざかっているという事実を明らかにしました。**この関係を数式にしたものが，「ハッブル-ルメートルの法則」です。

特定の銀河だけが遠ざかっているのではなく，遠くのあらゆる銀河は，天の川銀河から遠ざかっているのです。

宇宙全体は不変ではなく，膨張している

表面に複数のコインをはったゴムシートをひきのばすと，コインどうしは遠ざかります。距離のはなれたコインどうしほど，遠ざかる速度は速くなります。**このゴムシートと同じように，宇宙全体がひきのばされつつあると考えれば，銀河どうしが遠ざかっていて，しかも遠い銀河ほど速く遠ざかっていることを説明できます。**こうして私たちは，宇宙全体は不変ではなく，膨張していることを知ったのです。

注：ハッブル-ルメートルの法則の「ルメートル」とは，ベルギーの天文学者のジョルジュ・ルメートル（1894～1966）のことです。ルメートルは1927年，ハッブルよりも2年前に，宇宙の膨張についての論文を発表していました。

銀河の遠さと遠ざかる速度

天の川銀河から遠ざかる銀河の速度を，軌跡の長さであらわしました。遠くにある銀河ほど，遠ざかる速度が速くなります。銀河までの距離が2倍であれば，遠ざかる速度も2倍になります。

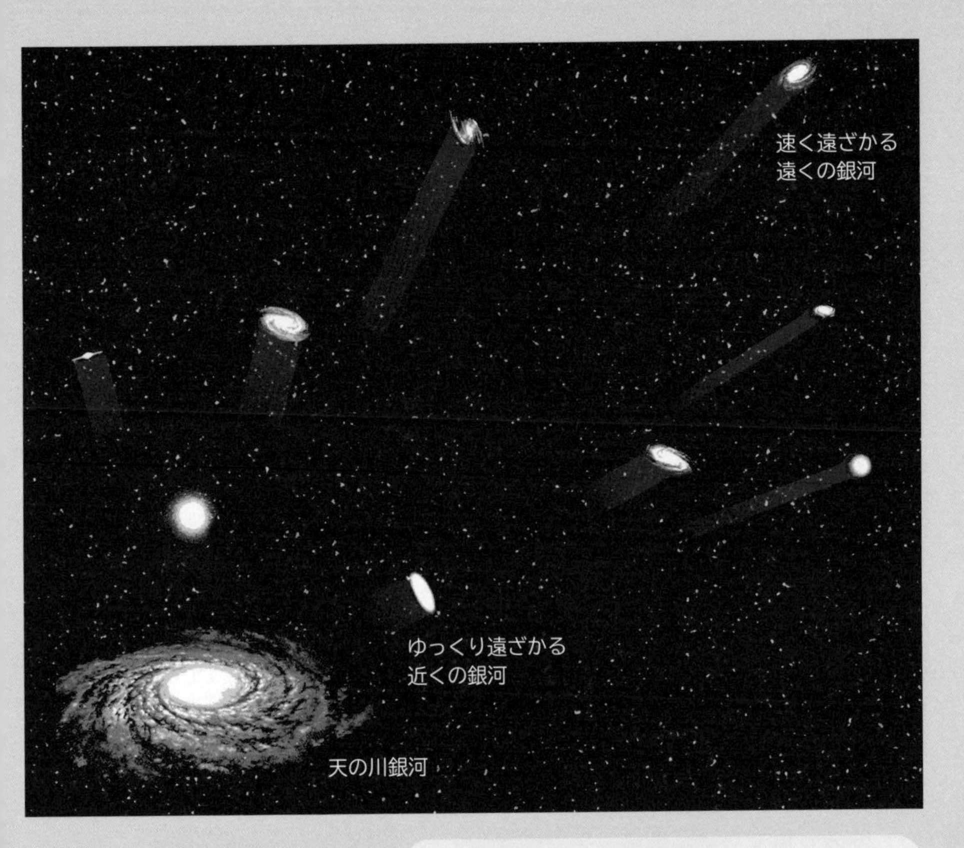

ハッブル-ルメートルの法則

$$v = H_0 \times r$$

銀河が遠ざかる速度　ハッブル定数　銀河までの距離

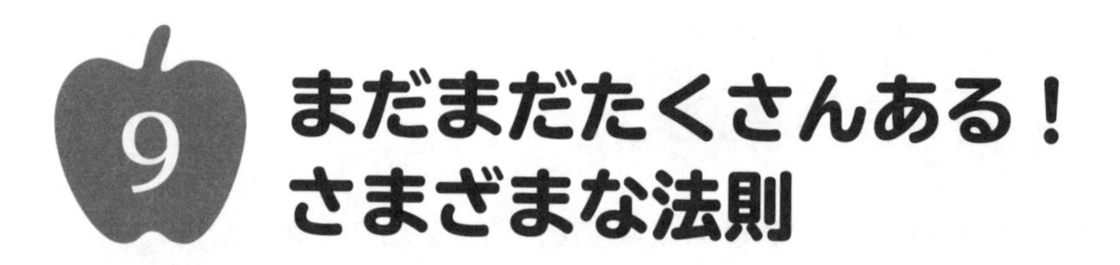

9 まだまだたくさんある！さまざまな法則

「クーロンの法則」に，「電磁誘導の法則」

4章からここまで，合計20個の法則を紹介してきました。**しかし法則は，まだまだたくさんあります。**

たとえば，力と波の法則には，「力学的エネルギー保存の法則」や「アルキメデスの原理」などがあります（右の表）。電気と磁気の法則には，「クーロンの法則」や「電磁誘導の法則」などがあります。宇宙の法則には，「ウィーンの変位則」などがあります。

法則は，科学者の苦心と努力の結晶

ページの都合で，この本でくわしく紹介できなかった法則もあります。化学の法則と，生物の法則です。

化学の法則には，「アボガドロの法則」や「ボイル・シャルルの法則」や「質量保存の法則」など，さまざまな法則が数多くあります（右の表）。一方，生物の法則には，「メンデルの法則」や「全か無かの法則」などがあります。

科学者が研究を行うのは，法則をみつけるためだといっても過言ではありません。法則は，科学者達の苦心と努力の結晶なのです。

さまざまな法則

分類	法則	説明
力と波の法則	力学的エネルギー保存の法則	運動する物体がもつ「運動エネルギー」と，高い位置にいることで重力からもたらされる「位置エネルギー」の総和は，保存されるという法則です。
	作用・反作用の法則	物体Aが物体Bに力（作用）をおよぼすとき，物体Bも物体Aに同じ大きさで正反対の向きの力（反作用）をおよぼすという法則です。
	仕事の原理	同じ質量の物体を同じ位置に動かすとき，どんな動かし方をしても，最終的な「仕事量」は同じになるという法則です。
	アルキメデスの原理	浮力の大きさは，物体を水に沈めたときに押しのけられる水の重さと同じ大きさになるという法則です。
電気と磁気の法則	クーロンの法則	電気を帯びた粒子どうしの間にはたらく引力や反発力の大きさは，電気の量の積に比例し，距離の２乗に反比例するという法則です。
	電気量（電荷）保存の法則	電子の移動がおきた前後などで，電気量の総和が変化しないという法則です。
	電磁誘導の法則	コイルをつらぬく磁力線の量が増減すると，コイルには電圧が発生し，電流が生じるという法則です。
宇宙の法則	ウィーンの変位則	物体の温度は，その物体が放つ最も強い光の波長に反比例するという法則です。
化学の法則	アボガドロの法則	種類に関係なく，温度と圧力が一定なら，同じ体積中の気体分子の数は一定になるという法則です。標準状態（0℃，1気圧）での１モル（$6.02214076 \times 10^{23}$個）の気体分子の体積は，約22.4リットルです。
	ボイル・シャルルの法則	密封された袋の中では，気体の体積は圧力に反比例し，絶対温度に比例するという法則です。
	質量保存の法則	化学反応がおきる前と後で，物質の総質量は変わらないという法則です。
	定比例の法則	一つの化合物を構成する元素どうしの質量の比は，生成方法によらず，つねに変わらないという法則です。
生物の法則	メンデルの法則	親から子へ伝わる，「遺伝」のしくみを説明する法則です。「優性の法則」「独立の法則」「分離の法則」の三つからなります。
	全か無かの法則	神経細胞の反応は，興奮するかしないかのどちらかしかないという法則です。

マーフィーの法則

ため息が出てしまうような経験を，笑いを誘う皮肉な法則にまとめたしゃれに，「マーフィーの法則」があります。マーフィーの法則の代表的な一つが，「落としたトーストがバターを塗った面を下にして着地する確率は，カーペットの値段に比例する」というものです。日本でも流行したので，聞いたことがある人もいるのではないでしょうか。

マーフィーの法則の名称は，アメリカ空軍のエンジニアのエドワード・マーフィー・Jr（1918～1990）に由来するとされています。**あるとき配線ミスをみつけたマーフィーは，「いくつかの選択肢があり，一つが悲惨な結果に終わる場合，人はそれを選んでしまうことがある」と発言したそうです。**この発言が，面白おかしく変形しながら伝わった結果，誕生したのがマーフィーの法則だといわれています。

マーフィーの発言の真意は，常に最悪の事態を想定しておく必要があるというものだったようです。元々はしゃれでもなんでもなかったというのは，おどろきですね。

シリーズ第34弾!!

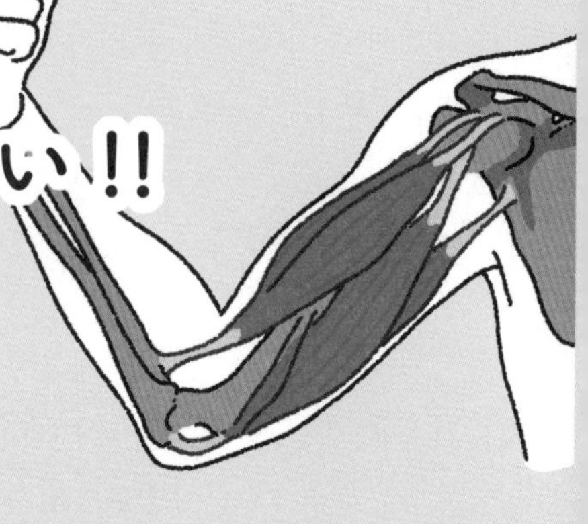

ニュートン式 超図解 最強に面白い!!

筋肉

2021年6月下旬発売予定　A5判・128ページ　990円（税込）

私たちの体重の約40%は，体を動かす筋肉です。筋肉は，体を動かすためだけではなく，健康維持のためにも，とても大切です。

筋肉をきたえると，筋肉の線維が太くなり，筋肉の量がふえます。筋肉質な体は，引きしまってみえるとともに，病気にもかかりにくくなります。筋肉が多い人ほど，死亡率が低いという統計もあります。トレーニングはツライというイメージがあるかもしれません。しかし，筋肉の性質を利用すれば，軽い負荷で安全に，筋肉を鍛えることができます。

本書では，筋肉のしくみから，手軽にできる筋肉トレーニングやストレッチングの方法，そしてアスリートの筋肉まで，筋肉について“最強に”面白く紹介します。どうぞご期待ください！

主な内容

筋肉とは，何だろう

筋肉とは人生！　人体は，筋肉でできている
たとえ体重が軽くても，筋肉が少ければダメ

筋肉は，今きたえられる

効率よく筋肉をふやすなら，速筋をきたえるべし！
今すぐできる筋肉トレーニング

筋肉のお手入れ方法

肩こりには，ウォーキングがいい
今すぐできるストレッチング

アスリートの筋肉

長くてかたいアキレス腱が，世界記録を生んだ
持久系か瞬発系か。生まれつきの要素

Staff

Editorial Management	木村直之
Editorial Staff	井手 亮，安達はるか
Cover Design	田久保純子
Editorial Cooperation	株式会社 キャデック（高宮宏之）

Illustration

表紙カバー	羽田野乃花	55	小林 稔さんのイラストを元に羽田野乃花が作成
表紙	羽田野乃花	56~115	羽田野乃花
3~27	羽田野乃花	117	小林 稔さんのイラストを元に羽田野乃花が作成
29	吉原成行さんのイラストを元に羽田野乃花が作成	119~125	羽田野乃花
31~51	羽田野乃花		

監修（敬称略）：
和田純夫（成蹊大学非常勤講師，元・東京大学大学院総合文化研究科専任講師）

本書は主に，Newton 別冊『単位と法則 新装版』の一部記事を抜粋し，大幅に加筆・再編集したものです。

初出記事へのご協力者（敬称略）：
池内 了（総合研究大学院大学名誉教授）
池上 健（一般財団法人マイクロマシンセンター HS-ULPAC研究センター長）
小野輝男（京都大学化学研究所教授）
洪 鋒雷（横浜国立大学大学院工学研究院教授）
郷田直輝（国立天文台JASMINEプロジェクト教授・プロジェクト長）
佐藤一郎（国立情報学研究所情報社会相関研究系教授）
座間達也（産業技術総合研究所計量標準総合センター研究戦略部知財オフィサー）
清水由隆（産業技術総合研究所計量標準総合センター物質計測標準研究部門有機基準物質研究グループ主任研究員）
諏訪田 剛（高エネルギー加速器研究機構加速器研究施設教授）
平井亜紀子（産業技術総合研究所計量標準総合センター工学計測標準研究部門長さ標準研究グループ研究グループ長）
尾藤洋一（産業技術総合研究所計量標準総合センター研究戦略部研究企画室研究企画室長）
藤井賢一（産業技術総合研究所計量標準総合センター計量標準普及センター招聘研究員）
真貝寿明（大阪工業大学情報科学部教授）
和田純夫（成蹊大学非常勤講師，元・東京大学大学院総合文化研究科専任講師）
渡部潤一（国立天文台副台長・教授）
気象庁地震火山部

ニュートン式
超図解 最強に面白い!!
単位と法則

2021年6月15日発行

発行人　高森康雄
編集人　木村直之
発行所　株式会社 ニュートンプレス　〒112-0012 東京都文京区大塚3-11-6
https://www.newtonpress.co.jp/

ISBN978-4-315-52381-2

世界の教育と社会

比較教育社会学へのいざない

Yoshida Takashi
吉田卓司

三学出版